梨栽培关键技术与疑难问题解答

主　编

马文会

编著者

杜润生　贾彦丽　杨　雷

李　莉　赵习平　王越辉

徐国良　季文章　李建明

金盾出版社

内 容 提 要

　　本书包括梨树良种繁育技术、梨树建园技术、梨树土肥水管理技术、梨树花果管理技术、梨树整形修剪技术、梨树病虫害防治技术等6方面内容，围绕梨树无公害果品生产，以梨树生产管理关键技术、新技术、实用技术为主，解决梨树生产管理中各种关键技术与疑难问题。本书语言通俗易懂、图文并茂，可操作性强。适合广大梨农及生产一线科技人员阅读，也可供农业院校相关专业师生阅读参考。

图书在版编目(CIP)数据

梨栽培关键技术与疑难问题解答/马文会主编 . —北京:金盾出版社,2017.1

　　ISBN 978-7-5186-1019-8

　　Ⅰ.①梨… Ⅱ.①马… Ⅲ.①梨—果树园艺—问题解答 Ⅳ.①S661.2-44

中国版本图书馆 CIP 数据核字(2016)第 255307 号

金盾出版社出版、总发行
北京太平路 5 号(地铁万寿路站往南)
邮政编码:100036　电话:68214039　83219215
传真:68276683　网址:瓦 www.jdcbs.cn
封面印刷:北京印刷一厂
正文印刷:北京万博诚印刷有限公司
装订:北京万博诚印刷有限公司
各地新华书店经销
开本:850×1168 1/32　印张:5.625　字数:100 千字
2017 年 1 月第 1 版第 1 次印刷
印数:1~4 000 册　定价:17.00 元

目　录

一、梨树良种繁育

(一)关键技术

1. 什么样的梨苗木是优质苗木?

建设梨园应选择优质梨苗,我国优质梨苗质量标准,见表1。

表1　优质梨苗质量标准

项　目		规　格		
		一　级	二　级	三　级
品种与砧木		纯度≥95%		
根	主根长度(厘米)	≥25.0		
	主根粗度(厘米)	≥1.2	≥1.0	≥0.8
	侧根长度(厘米)	≥15.0		
	侧根粗度(厘米)	≥0.4	≥0.3	≥0.2
	侧根数量(条)	≥5	≥4	≥3
	侧根分布	均匀、舒展而不卷曲		
基砧段长度(厘米)		≤8.0		
苗木高度(厘米)		≥120	≥100	≥80
苗木粗度(厘米)		≥1.2	≥1.0	≥0.8
倾斜度		≤15°		
根皮与茎皮		无干缩皱皮、无新损伤;旧损伤总面积≤1.0厘米^2		
饱满芽数(个)		≥8	≥6	≥6

续表 1

项　目	规　格		
	一　级	二　级	三　级
接口愈合程度	愈合良好		
砧桩处理与愈合程度	砧桩剪除,剪口环状愈合或完全愈合		

梨苗木的选择应根据国家制定的梨树苗木分级标准,选择一、二级苗木。其条件是:苗高 100 厘米以上,基径 1.0 厘米以上;垂直根长 20～25 厘米,具有 15 厘米以上的侧根 3 条以上,基径 0.3 厘米以上,根系无严重劈裂;在接口以上 45～90 厘米的整形带内,有健壮饱满芽 8 个以上;嫁接部位完全愈合;无检疫对象、严重机械伤和病虫危害。优质、健壮、无病虫害(含无病毒苗)的苗木,定植前须进行过严格检疫和消毒,这样可以有效地防止病虫的传入,使建园后的苗木成活率高、生长健壮、整齐,抵抗病虫侵染的能力强,梨的产量和品质才能得到保证。

2. 梨矮化中间砧苗质量标准是什么?

如采用矮化中间砧梨苗建设梨园,应选择优质矮化中间砧梨苗,优质梨矮化中间砧苗质量标准,见表2。

表 2　梨营养系矮化中间砧苗质量标准

项　目		规　格		
		一　级	二　级	三　级
品种与砧木		纯度≥95%		
根	主根长度(厘米)		≥25.0	
	主根粗度(厘米)	≥1.2	≥1.0	≥0.8
	侧根长度(厘米)		≥15.0	

续表 2

项 目	规 格		
	一 级	二 级	三 级
侧根粗度(厘米)	≥0.4	≥0.3	≥0.2
根 侧根数量(条)	≥5	≥4	≥3
侧根分布	均匀、舒展而不卷曲		
基砧段长度(厘米)	≤8.0		
中间砧段长度(厘米)	20.0~30.0		
苗木高度	≥120	≥100	≥80
倾斜度	≤15℃		
根皮与茎皮	无干缩皱皮、无新损伤;旧损伤总面积≤1.0厘米²		
饱满芽数(个)	≥8	≥6	≥6
接口愈合程度	愈合良好		
砧桩处理与愈合程度	砧桩剪除,剪口环状愈合或完全愈合		

3. 什么是半成苗、成苗、三当苗?

半成苗就是夏季在砧木上嫁接优良品种成活后,嫁接品种发芽前的苗木,也叫芽苗。半成苗也可进行栽植建园,在成苗短缺时也可采用优质半成苗建立梨园。优质半成苗由于只有 1 个芽,具有缓苗快,生长旺盛的优点。但也存在接芽容易碰掉、新梢容易折断、容易受病虫危害等缺点,采用半成苗建园生产管理上要周到细致,应用半成苗建园配套技术进行建园。

成苗就是春季在砧木上嫁接的品种成活后发出新枝或上一年的半成苗第二年发出新枝,落叶后的苗木。优质成苗的根系发达,芽体饱满健壮,枝条发育充实,缓苗快,苗木标准便于统一掌握一致,栽植成活率高,生长势接近,园貌整齐,便于管理。

三当苗就是当年播种、当年嫁接、当年出圃的苗木。三当苗多为一些个体户为迅速生产出梨树成苗而育出的速生苗,虽然育苗迅速,但由于生长期短,三当苗的枝芽、粗度、根系、充实度等均达不到优质苗木的标准,同其他不够标准的半成苗、成苗一样属于劣质苗木。生产上不要采用三当苗建园。

劣质半成苗、成苗或三当苗的根系不发达,地上部细弱,枝条不充实,芽体不够饱满健壮。如用劣质苗木或三当苗建立梨园,将造成成活率低、缓苗慢、生长弱、结果晚、梨果品质低等问题,不能实现早果早丰的生产目的,所以生产中要采用符合标准的优质成苗或半成苗建园,不要采用不合格的半成苗、成苗及三当苗建园。

4. 梨树常用乔化砧木有哪些?

我国目前采用的梨树砧木,主要是野生砧木,以乔化砧为主。我国常用梨乔化砧木有:

(1)杜梨 杜梨是我国应用最广泛的梨树砧木,属乔化砧木,分布于华北、西北各省。杜梨枝条多刺,叶背有白色茸毛,果实极小。植株高大,根系发达。嫁接各梨品种表现出乔化性状,树体生长健壮;较丰产、稳产;抗逆性强,抗旱,耐涝,耐盐碱。但进入结果期相对较晚。在华北地区适宜采用杜梨作梨树砧木。

(2)山梨 山梨主要分布于东北、华北北部及一些西北省份。山梨枝条黄褐色,光滑无刺。本砧木的特点是抗寒性极强,能耐$-52℃$的低温,抗腐烂病,但不抗盐碱。嫁接的品种表现出乔化性状,树冠大,寿命长,丰产性强。

(3)豆梨 日本、韩国与我国的长江流域及以南地区多采用豆梨作砧木。豆梨枝条褐色,无茸毛。喜温暖、湿润的气候和酸性及微酸性土壤,抗旱,耐涝,有一定的耐盐碱能力。与沙梨系各品种嫁接亲和性良好。但不耐寒、不抗旱,不适宜我国北方作砧木用。嫁接品种较杜梨砧矮化,但根系较浅,树势较弱。

5. 梨树常用矮化中间砧有哪些？

(1) 榅桲 英、法等国主要采用榅桲作为矮化中间砧,它具有使嫁接品种树体矮化,结果早,较丰产等优点;但也存在着抗寒性差、固地性不强、易感黄化病,与白梨、砂梨系列的品种嫁接亲和力差等缺点。代表品种有榅桲 A 和榅桲 C。

(2) OH×F 系列 是美国选育的梨树矮化砧,属半矮化砧木。与各系统中的梨品种嫁接亲和性良好;固地性好;大部分品种抗寒性较强;多数品种抗火疫病和衰退病。但易感染腐烂病。代表品种有 OH×F$_{51}$、OH×F$_{333}$ 等。

(3) S 系列矮化砧木 中国农业科学院兴城果树研究所培育出一系列的梨树矮化砧木,称 S 系列矮化砧木。极矮化类型代表品种有 PDR$_{54}$,矮化类型有 S$_4$、S$_5$,半矮化类型有 S$_1$、S$_2$、S$_3$ 等。其中:

①PDR$_{54}$ 自身生长较弱,枝条较细,抗寒、抗腐烂病和轮纹病。作梨树矮化中间砧矮化效果极好,嫁接品种一般第二年就开始结果。但由于其自身生长缓慢,芽凸较大,枝条比较粗糙,在石家庄地区作为中间砧时,与杜梨基砧和栽培品种之间嫁接成活率均较低,生长势弱。

②S$_2$ 属半矮化中间砧,本身紧凑矮壮。抗寒力中等,抗腐烂病和轮纹病。与梨各品种嫁接亲和力良好,嫁接成活率高,接口平滑。中间砧长度 20～25 厘米,矮化程度是对照的 70% 左右。早果性、丰产性、稳产性比较好。

③S$_4$ 属矮化中间砧,本身紧凑矮壮。抗寒力中等,抗腐烂病和轮纹病。与梨各品种嫁接亲和力良好,但芽接成活率低,枝接成活率高,接口平滑。中间砧长度 40 厘米左右时,矮化程度是对照的 57% 左右。早果性、丰产性、稳产性比较好。

6. 梨树常用矮化砧自根砧有哪些？

梨树矮化自根砧就是利用某些矮化砧木自身容易生根的特点，通过扦插、压条等无性繁殖方法繁殖砧木，然后在砧木上直接嫁接栽培品种的苗木称之为矮化自根砧苗木。山西省农业科学院果树研究所培育的 K 系梨树矮化砧木具有矮化、早果、丰产、优质、与白梨系统各品种嫁接亲和性好、抗逆性强等特点，其最大优点是容易繁殖。K 系矮化砧，压条繁殖水平根较多，毛细根也较发达，为目前生产中应用较多的矮化自根砧。目前，梨树生产中开始应用的矮化自根砧多采用 K 系矮化砧，生长表现良好。

（二）疑难问题

1. 梨树砧木如何采集和层积（沙藏）处理？

(1) 砧木种子的采集　梨砧木种子多用杜梨，在杜梨果实成熟时采集，一般采集时间在 9～10 月份。杜梨果实采收后，放入罐里堆积以促使果实软化，堆积期间需经常翻动，以防温度过高。果肉软化后揉碎，然后洗净取出种子。取种温度不宜过高，须保持在 45℃以下，以免种子失去生活力。种子取出后，需适当干燥，贮藏时才不会霉烂。通常置暗处阴干，不宜暴晒。

(2) 层积（沙藏）处理　梨树种子具有休眠特性，需要一定时间的低温层积处理，打破休眠才能促使种子萌发。层积温度以 2℃～5℃适宜。层积材料通常采用洁净河沙，其湿度以手握成团不滴水为宜（水分含量为河沙最大持水量的 50% 左右），沙的用量一般为种子体积的 3～5 倍。种子数量较大时，可根据当地冬季气候情况，在室外背阴干燥处，进行地面层积或挖沟层积。冬季不十分严寒的地方，可进行地面层积。冬季严寒地区，冻土层较深，须挖沟层积。具体做法是：选排水良好的背阴处挖 60～100 厘米深的沟,把混合湿沙的种子放入沟内,上覆一层沙,然后覆土 50 厘米左右,高出地面呈土丘状,以利排水。春暖时进行翻拌,以防下层种子发芽或霉烂。同时注意防止鼠害。不同砧木种子所需层积时间不同,一般杜梨为 60～80 天,山梨为 50～60 天,豆梨约为 30 天。

2. 杜梨种子如何进行生活力测定?

质量好的杜梨种子籽粒饱满,颗粒均匀,纯度高,具有光泽,胚和子叶呈乳白色,出芽率高。出芽率的高低决定着播种量,根据出芽率的高低确定适宜的播种量,不至于造成缺苗断垄现象。一般质量好的优质种子生活力在 80% 以上。

(1) 沙藏前的杜梨种子的生活力可以通过染色剂染色法进行测定 将种子浸入清水中 10～24 小时,使种皮软化,剥去种皮,注意不要剥伤种仁,将剥出的种子放入染色剂(5% 红墨水或 0.1% 靛蓝胭脂红或 0.1% 曙红溶液)中染色 2～4 小时,将种子取出,用清水冲洗干净。凡胚完全染色的,为无生活力的种子;胚或子叶部分染色的,为生活力较差的种子;胚和子叶没染色的,为有生活力的种子。

(2) 沙藏后的杜梨种子的生活力测定可采用恒温培养法 杜梨种子经沙藏一定天数后,取少量种子,筛去沙子,用清水把筛出的种子清洗干净,随机取出 100 粒。再准备一块干净的纱布,浸透清水,折叠起来,把杜梨种子包住,放在培养皿中,置 25℃ 恒温箱中发芽。如无恒温箱也可放在温暖的室内,室内温度控制在 20℃ 左右。每天用清水冲洗一遍,以防发生霉烂。几天后种子开始发芽。此时每天定时观察,拣出发了芽的种子,直到数日后其余种子不再发芽为止。这时根据剩下的种子数与总数计算,可得出发芽率。

3. 杜梨种子播种前如何选地、整地？

杜梨种子播种前一定要选好播种地块。首先不能重茬。重茬苗圃内存在大量梨根癌病病菌、梨根腐病病菌、紫纹羽病病菌、白纹羽病病菌等，在重茬苗圃上播种杜梨种子，生产出的梨苗很容易感染以上病菌，影响梨园建设。其次不能在原来的梨树园内播种，种植过梨树的园片，同样存在以上病菌感染问题，影响苗木质量。再次不能建设在未经改良的重盐碱地上，重盐碱地上播种杜梨，会造成杜梨苗生长不良。杜梨种子播种应播种在排水、灌水条件良好的沙壤土土地上，在这种土壤上进行育苗，具备育出优质梨苗的基本条件。

苗圃地应该在冬前提前选好，冬前进行浅翻施肥，根据土质每667 米^{2}可施圈肥 4 000～5 000 千克。土地平整后，撒肥翻耕。由于杜梨是深根性乔木，主根生长旺盛，不容易发出较好的侧根，若翻耕过深，会造成主根更加发达，侧根生长更差，起苗后由于侧根不发达，毛根少，将影响梨苗成活率和生长势。所以，播种杜梨以浅翻为宜，翻耕深度 20 厘米即可。翻耕后平整做畦，一般畦宽 1米左右。然后灌水沉实，以备春季播种。

4. 杜梨种子如何播种、管理？

在河北省中南部地区，春季播种时间在春分前后。可采用"封土埝播种法"（图 1），简便易行，保水力强，出苗率高，且可减轻播种后的风蚀、雨淋等自然灾害。具体方法是：春季播种前提前灌足底水，当土壤墒情适于整地时，整平畦面并使表土细碎，然后用开沟器具开沟，行距 30～40 厘米，带距 60～70 厘米，沟深 2 厘米，每畦 2 行。开沟后用粗木棒将沟底蹾平，于沟内撒种时最好将沙藏好的种子分 2 次播入，以确保播种均匀。为了节省种子，可采用开沟点播，即在每沟内每隔 15～20 厘米点一小撮种子（2～4 粒）即可。一般播种量每 667 米^2 播种 1～1.5 千克,如种子质量差可适当增加播种量。

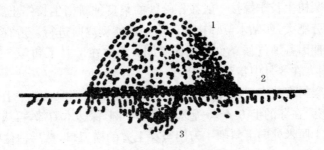

图 1　封土埝播种法
1. 土埝　2. 地平面　3. 种子

播种后用平耙封沟扒平,覆土厚 1～1.5 厘米,多余的土及杂物搂出畦外。覆土后于播种沟上撒少量麦秸等作为地面指示物,在其上将畦内松散土刮成一个高 10 厘米的土埝。一般播种 6～8 天后即可扒开土埝,露出地面指示物。在播种后要及时检查,如发现个别种子已出芽,并接近地平面时,要及时撤除土埝。一般撤土埝后 2～3 天即可出苗。出苗后可撒毒谷,防治虫害。

苗木出土后要及时松土保墒,注意松土时要松至苗木基部,防止苗木基部留有"硬台"。如出苗很多可进行第一次间苗,如出苗不均匀可进行带土移栽。幼苗长出 6～8 片真叶时按株距 20 厘米左右定苗,并灌水、中耕,同时可结合灌水每 667 米^2 追施 5 千克尿素 2～3 次,芽接前 20 天再追肥 1 次,保证苗木含水量充足,以利砧木离皮,便于嫁接。出苗后注意防治病虫害,消灭蚜虫、蝼蛄等害虫。一般 7 月中下旬幼苗可达嫁接粗度。按上述方法一般每 667 米^2 可生产 6 000～8 000 株优质梨砧木苗。

5. 梨树如何进行 T 形芽接?

梨树生长季嫁接一般在作接穗的梨良种新梢生长停止后,芽已充分肥大,而砧木苗和接穗的皮层还能剥离时进行。适宜嫁接的时期因各地气候条件不同而不同。北方在 7 月下旬至 8 月下旬,南方在 8 月中旬至 9 月下旬。

梨树育苗多采用 T 形芽接(图 2)。取芽时选取枝条中上部的饱满芽,在芽的上方 3~5 毫米处横割半圈,深达木质部,再从芽的下方 1 厘米处向上斜削一刀削至芽上方的横刀口,然后捏住叶柄和芽,横向一扭,取下芽片。在砧木离地面 10~15 厘米处选光滑部位,先横切一刀,宽度比接芽略宽,深达木质部,再在横刀口中间用芽接刀尖向下划一垂直切口,长度与芽片相适应。两刀的切口呈 T 形。用刀尖轻轻撬开砧木皮层,将剥下的接芽迅速插入,使接芽上端与砧木的横切口密接,其余部分与砧木紧密相贴,然后用塑料条自上而下绑紧。接后 10 天左右即可检查成活情况。成活的芽子,色泽新鲜如常,叶柄一触即落。如接芽萎缩,叶柄干枯不落,则没有接活,应随即补接。

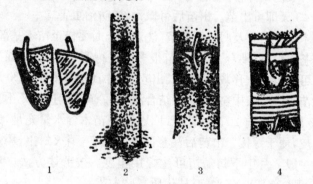

图 2 T 形芽接方法

1. 芽片 2. 切开砧木 3. 插入芽片 4. 接后绑缚

梨树育苗也可用嵌木芽接法。多用于不离皮的情况下,方法是在芽上方约1.5厘米处向下斜削,由浅入深,长2.5厘米,深达接穗直径2/5处,然后在芽下方0.7厘米处向内偏下斜切,达第一刀口处,取下接芽;在砧木适当部位,同法做一刀口,然后把接芽嵌入接口内,对准形成层,用塑料条绑紧。

6. 梨树如何进行带木质芽接?

带木质芽接适宜范围广,既可用于苗期低接,也可用于大树高接,取芽困难时,更适合采用。一年四季均可嫁接,嫁接速度快,成活率高,愈合好。具体操作方法是:在芽下方1.5~2厘米处由下而上紧贴皮层,由浅入深,微带木质,拉到芽基上端1~1.5厘米处,然后向下横切一刀,削下带木质的梭形芽片。砧木亦从下而上削去一梭形砧皮,深达木质部(要求削面光滑,削口大小、形状与接芽片相符)。砧木接口做好后,立即将梭形芽片紧贴于砧木切口上,使芽片与砧木削口对齐,至少一侧对齐,用塑料条绑紧(图3)。

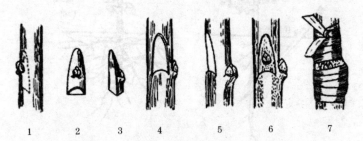

图3　带木质芽接方法

1. 取芽片　2~3. 取下芽片　4~5. 砧木切口　6. 插入芽片　7. 接后绑缚

7. 梨芽接后怎样进行断根处理?

杜梨是一种直根性很强的砧木品种,如不加以控制,出圃时主根可达 1 米以上,但侧根很少,很难保证完整的根系。由于出圃梨苗根系不发达,侧根和毛根少,常造成成活率低,缓苗慢,树势衰弱,结果晚。为了解决这个问题,必须在夏末芽接成活后进行断根,以控制主根生长,促发侧根和须根。断根的方法是用锋利的断根铲于行间距离苗木基部 15 厘米左右,与地面呈 45°角斜插,用力猛蹬断根铲,即可将主根于距离地面 15 厘米处铲断(图 4)。断根后及时灌水、中耕,过半个月后可喷尿素 300 倍液 1～2 次,以保证苗木正常生长需要的营养,并保护叶片至正常落叶。

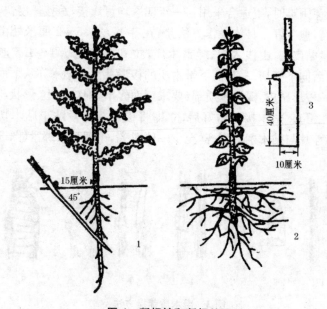

图 4 断根铲和断根处理

1. 断根 2. 断根后发出侧根 3. 断根铲

8. 梨树半成苗如何进行管理?

梨树半成苗剪砧时期为翌年春发芽前。剪砧时在接芽切口上方距离 0.1 厘米处剪掉砧木,剪口呈马蹄形,近芽面高,剪口与芽尖平齐。接芽萌发后要及时进行除萌,把杜梨地上部萌蘖及时掰除,减少营养消耗,以利接芽生长。苗高 30 厘米时,要在接芽的相对方向立支柱,进行第一次绑缚。苗高 60~90 厘米时进行第二次绑缚,保持梨苗直立,并防止大风吹折。如果在 6 月上中旬苗高达 1.2 米时,可在 90~95 厘米处进行摘心,同时剪去剪口下第一、第二片叶片,以促发分枝(图 5)。

肥水管理上,春季剪砧后要及时追肥、灌水。苗高 30 厘米左右时可进行第一次追肥、灌水,每次每 667 米^{2}施尿素 5 千克。摘心后至 7 月中下旬及 9 月中旬至 10 月中旬,应进行喷肥,一般叶片发黄或发红时可喷尿素 300 倍液,叶片深绿可喷磷酸二氢钾 300 倍液,以促进苗木生长和营养积累,促进苗木发育充实,芽体饱满,生产出优质苗木。

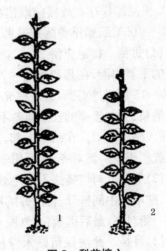

图 5 梨苗摘心
1. 未摘心 2. 摘心后去两个叶片

生长季要及时防治梨苗病虫害。梨半成苗管理须防治的主要病害有梨黑星病及黑斑病、褐斑病等早期落叶病,这些病害可危害梨半成苗的叶片和嫩梢,严重的造成梨苗早期落叶。梨半成苗须防治的害虫主要有金龟子、梨蚜、梨茎蜂、大青叶蝉、梨星毛虫、刺蛾、蚱蝉及梨花网蝽等,这些害虫可严重危害梨半成苗的叶或枝,要及时进行防治。

9. 梨树如何切接、劈接和腹接？

生长季未来的及嫁接的杜梨苗,直径达 1 厘米以上,够嫁接粗度的可在春季进行补接,时间在 3 月中旬至 4 月初,可采用以下切接、劈接和腹接等几种嫁接方法。注意要在冬季提前准备优良品种的接穗,用清水清洗干净,每 50 枝打一捆,选阴凉处挖 80 厘米深沟,用清水灌实,将接穗埋入备用。有条件的可用塑料布包裹放于 0℃果品库保存。嫁接前取出接穗,剪成 2～4 个芽为小段,用 100℃～105℃石蜡迅速蘸蜡保水,即可进行嫁接。

(1)切接 接穗应留 2～3 个饱满芽。接穗下端削一刀长为 3 厘米的平直斜面,在其背面削一刀长为 1 厘米的斜面。砧木距地面 10～15 厘米处剪断,选平整光滑一侧,偏内向下直切。最好是切口的长、宽与接穗的长削面差不多。将接穗削面朝里、断削面靠外,插入砧木切口。在砧木上部,接穗露出 2～3 毫米削面,砧、穗的形成层至少一侧对齐,然后用塑料条绑紧、包严。

(2)劈接 与切接法不同之处是接穗削法为两个相近似的长削面,砧木从中间劈开,将削好的接穗插入砧木切口,砧、穗形成层至少一侧对齐,最后绑紧包严(图 6)。

(3)腹接 此法保留砧木嫁接口以上部分,削接穗与切接相似,不同之处是削面两侧一边厚、一边薄。用修枝剪或嫁接刀在砧木嫁接部位做一斜切口,长度与接穗的长削面相当,深达木质部 1/3 处,将接穗长削面朝里,短削面朝外插入切口,厚的一侧形成层与砧木形成层对齐,最后用塑料条包严(图 7)。

10. 梨树嫁接中要注意哪些技术环节？

梨树嫁接时要掌握好大、平、准、快、紧五字要诀。大:就是接穗削面要尽量的大,与砧木接触面尽量的大,接触面越大,越有利于愈合;平:就是削面要平整,不留毛茬,嫁接时可与砧木紧贴,便

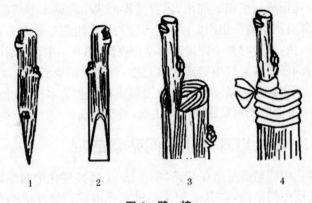

图6 劈 接

1～2. 削接穗 3. 插入接穗 4. 绑缚

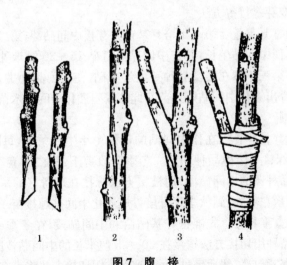

图7 腹 接

1. 削接穗 2. 切砧木 3. 插入接穗 4. 绑缚

于产生愈伤组织;准:就是接穗形成层要和砧木形成层对齐、对准,形成层是形成新组织的部位,只有接穗形成层和砧木形成层同时生长,各自产生愈伤组织,才能使两边的愈伤组织生长在一起,才能成活;快:嫁接时整个嫁接过程动作要快,防止砧木切口、接穗削面长时间暴露在空气中造成失水过多,影响嫁接成活;紧:就是嫁接后要用塑料条绑紧、绑严,一方面形成接穗和砧木密接,便于愈合,另一方面绑严后防止嫁接口失水,成活率高。

11. 怎么培育矮化中间砧梨苗?

矮化中间砧苗是指在基砧(实生砧)上嫁接矮化中间砧,留取一定长度中间砧段,在其上嫁接品种接穗或芽而培育成的苗木。一般需要 2~3 年时间。矮化中间砧苗建园具有树体矮化、容易管理、早果早丰等优点。繁殖技术可采用常规繁殖、分段芽接、双重枝接及双芽靠接等方法。

(1)常规繁殖 第一年培育基苗并芽接中间砧芽,第二年春季剪砧后,使中间砧生长,并在中间砧离基砧 15~20 厘米处芽接接穗品种,第三年春在接穗品种芽上端剪砧,使接穗品种生长,到秋季可培育出矮化中间砧嫁接苗。此法繁殖矮化中间砧木苗需 3 年时间出圃。

(2)分段芽接 在作中间砧的母树 1 年生枝条上,每隔 20~25 厘米嫁接一接穗品种的芽。冬季分段剪下,第二年春季,将带有接穗品种芽的中间砧段,用枝接方法嫁接在准备好的基砧距地面 10 厘米左右处,到秋季就可培育成矮化中间砧嫁接苗。

(3)双重枝接 先准备好基砧苗和中间砧段,在冬季或早春,将栽培品种用切接方法嫁接在 20~25 厘米长的中间砧枝段上,用塑料条绑紧包严,然后经过沙藏,到春季用切接方法将带有栽培品种芽的中间砧段嫁接到基砧上,到秋季即可培育成矮化中间砧嫁接苗。

(4)双芽靠接 在 1 年生基砧距基部 10 厘米处芽接矮化中间

砧芽,距中间砧5~7厘米的对面芽接栽培品种。翌年春,从栽培品种芽的上方剪砧,同时在中间砧芽的上方刻伤,促使两个接芽同时萌发生长。夏季将中间砧和品种枝条靠接,靠接成活后,剪去矮化砧枝段,到秋季即可培育成矮化中间砧成苗。

12. 梨苗木出圃时间如何掌握?

梨苗木出圃时间以随栽随出为最好。一般从秋季落叶后至上冻前及化冻后至发芽前都可出圃。在冬季无冻害的地区,提倡秋栽建园,因秋栽后,梨根系有一个生长小高峰,可保持一段时间的生长,长出部分新根,第二年春季气温回升后,新生根可快速吸收营养恢复生长,且秋季施入有机肥经过一个冬天的熟化有利于春季根系的吸收。这样,春季梨苗发芽后根系活动旺盛,土壤养分充足,缓苗快,生长旺,所以在这些地区可以秋天出圃梨苗。在冬季严寒和春季容易产生抽条的地区,为防止苗木受冻和抽条,保证栽植成活,最好进行春季出圃,春季出圃后马上安排栽植,成活率高。如从外地调运梨苗,要尽量减少梨苗出圃后调进时间,运输过程中采取塑料布包裹等措施保持梨苗水分;梨苗到位后,如由于种种原因不能尽快定植,要及时将梨苗假植起来备用。

13. 梨苗木怎样包装、运输和假植?

梨苗木出圃后首先应该按品种打捆,一般可掌握50株或100株一捆,然后挂上标签,注明品种、数量、出圃时间等,并请植物检疫机构进行检疫,确定无检疫对象后开检疫证明,然后才可以运输。如是长途运输要用湿草苫包裹苗木,外套塑料布,以防止梨苗失水。

苗木运输过程中要特别注意品种不能搞错,半成苗注意不要碰掉、碰伤接芽。抓紧时间运输到目的地,到达后马上组织人力进行栽植。如由于种种原因不能尽快定植,要及时将梨苗假植起来备用。

苗木如不能马上栽植要及时假植起来。假植时先挖深、宽各1米的条沟,然后灌足底水。将苗木打开捆绳,排列整齐,斜放于沟内,将根系和根颈以上30厘米左右部分埋入土内,踏实,使根系和苗木与湿土密接,以保持水分,地上部露出的部分可保证苗木正常的呼吸和通气。如在冬季严寒地区,可在假植苗木上铺盖杂草、玉米秸秆等进行保温。在风蚀严重地区为确保苗木不失水,可将苗木全部用土埋严,但春季回暖后要及时出土。

二、梨树建园

（一）关键技术

1. 梨树分几个品系,各有什么特点?

梨树分秋子梨、白梨、砂梨、西洋梨和新疆梨等 5 个主栽品系。现生产中栽培的品种多为白梨和砂梨品系的优良品种。

(1)秋子梨品系 主要分布在东北地区。成枝力较高,枝条细,多年生枝黄灰色或黄褐色。果实一般为圆形或扁圆形,黄绿色或黄色,果个较小,萼片宿存,石细胞较多,需后熟方可食用。后熟后果肉变软,甜酸适口,多具芳香。该品系抗寒性强,代表品种有南果梨、京白梨、安梨等。

(2)白梨品系 主要分布在华北各省。2 年生枝褐色或茶褐色,春天刚出幼叶紫红色。果实一般为圆形、长圆形或倒卵圆形,黄色或黄绿色,果个较大,萼片脱落,肉脆多汁,石细胞少,味甜,较耐贮藏。抗寒性仅次于秋子梨,代表品种有鸭梨、雪花梨、酥梨、库尔勒香梨等。

(3)砂梨品系 以南方各省份栽培较多,日本、韩国多数梨品种也属于砂梨品系。成枝力低,枝条粗壮直立,多紫褐色或暗绿褐色。果实多为圆形或近圆形。果色变化较大,大多为褐色、黄褐色。萼片脱落,果实肉脆多汁,味甜、石细胞少。抗寒力较差,代表品种有苍溪梨、金水酥等。日、韩品种有丰水、黄金梨、南水、园黄等。

(4)西洋梨品系 在我国各省份均有零星分布。树姿直立,枝干灰黄色、叶片较小。果实较大,多为葫芦形或瓢形,黄色或黄绿色,果皮光滑,多锈斑,萼片宿存。果实大多需经后熟方可食用。后熟后肉质细而柔软,石细胞少,易溶于口,富有香气。果实不耐贮运,抗寒力较差。代表品种有巴梨、茄梨、伏茄梨、三季梨、五九香等。

(5)新疆梨品系 主要分布在我国新疆、甘肃等省、自治区。枝条紫褐色,具白色皮孔。果实多卵圆形或瓢形,与西洋梨接近,但果柄长,萼片多宿存。果实品种不一,适应性较强。代表品种有甘肃长把梨、新疆阿木特梨等。

2. 我国梨的生产现状如何?

我国梨的总栽培面积达 95 万公顷、年产梨果 86 万吨,占世界梨果总产量的 50% 以上;占全国水果总产量的近 16%,在农村经济中占有重要地位。其中河北省是我国第一梨树生产大省,面积约 20 万公顷。而从单位面积产量看,世界平均每公顷产量 10.69吨;以美国最高(33.9 吨),我国仅为 9.03 吨,低于世界平均水平,尚有很大的生产潜力有待挖掘。

就栽培品种而言,我国及日本、韩国则以栽培"东方梨"为主;主要种类有白梨、砂梨、新疆梨和秋子梨等。我国以"鸭梨""雪花梨"(主产河北省,占全国梨总产量的 30% 以上)"砀山酥梨"(主产安徽等地,占全国梨总产量的 34%)及"黄花梨"(主产长江流域及其以南地区)等品种为主,以上多为晚熟品种;近年新发展了黄冠梨、翠冠梨、绿宝石梨等中早熟新品种,虽然品种结构调整力度不小,但仍不尽合理,晚熟品种仍占较大比例。日本以"二十世纪""丰水""幸水"等砂梨品系品种为主;韩国则以"新高""黄金梨""园黄"等砂梨品系品种为主。

3. 我国梨果贸易现状如何?

世界梨果贸易近年来增长迅速,总量达160余万吨,约占年生产总量的10%;世界梨果年出口数量为162.2万吨左右,占当年生产总量的10.3%。共有70多个国家出口梨,其中我国12.59万吨。主要进口国家有美国、德国等欧美国家与新加坡、泰国、印度尼西亚、菲律宾及我国香港、澳门等地。欧美诸国以进口"西洋梨"为主;新加坡等东南亚国家是我国的主要贸易伙伴;东南亚及我国港澳地区的梨果总进口量为15万吨左右,进口我国的约为13万吨。从出口价格看,世界平均价格为621.1美元/吨,最高的为日本(3 517.3美元/吨),我国仅为250美元/吨,为世界平均水平的40%和日本的7.1%。近年来欧美国家对我国梨果的需求不只限于华人圈内,已逐步为不同消费群体所接受,河北省的"鸭梨""黄冠梨"已打入英国、美国及澳大利亚等国市场。

4. 我国梨树生产存在哪些主要问题?

(1)品种结构不合理 我国梨产区的品种结构在不同程度上存在不合理性,主要表现在晚熟品种偏多,砀山酥梨、鸭梨、雪花梨、黄花梨四大晚熟品种占全国梨总产量的近70%。从品种本身特性看,鸭梨虽然肉质细嫩酥脆、风味酸甜适口,但近年来因管理粗放致使风味变淡、售价跌落。砀山酥梨、雪花梨均不同程度存在其外观品质欠佳、石细胞较多等问题。另外,近年来我国发展的"新世纪""新水""黄金""水晶"等日本、韩国砂梨系品种因不同程度存在耐贮性差、货架寿命短,或成枝力弱、树势易早衰、对管理水平要求较高等问题而基本停止发展,其面积正在减少。黄冠梨、翠冠梨等我国自育优良品种发展迅速,是品种结构调整的主栽品种。

(2)管理粗放,品质下降 盲目追求产量而忽视质量、粗放管理是我国梨果生产中普遍存在的问题,主要表现在:

①树体郁闭 多年放任生长,树体过高、枝量过大,影响树冠内光照,造成树冠郁闭、结果部位外移及果实品质下降。

②轻有机肥、重无机肥 片面追求产量而大量使用无机肥(速效氮肥为主)是普遍存在的问题,以致风味变淡、耐贮性下降。

③授粉不佳 不进行人工辅助授粉,致使果形不端正。疏花疏果工作不到位,果个偏小、果形不标准。

④采收过早 为抢占市场而"采青"上市,因其本身的品质、风味尚未表现出来,对树立品牌将带来不可挽回的负面影响。

⑤农药使用不规范 高毒、高残留药剂的使用不利于无公害果品生产,也影响了果品的外销。

(3)产业化不强 龙头果品企业少,品牌少,产业化链条不畅,销售渠道不健全,产品附加值低。

(4)生产成本高 目前,梨树种植除了少数果品企业和土地流转大户,其他仍多为一家一户种植模式,缺乏省力化配套栽培技术。梨树病虫害综合防治差、农业机械应用少、施肥灌水技术落后、树下覆盖生草等技术利用不多等,导致生产成本过高,效益低下。

5. 我国梨果生产前景怎样?

在 70 个生产梨的国家中,欧美诸国栽培面积近 10 年来没有出现大幅度提高、产量亦相对稳定,"东方梨"产区的日本、韩国栽培面积也没有明显提高;这对我国梨的发展是一个良好机遇。近年我国的"鸭梨"、"黄冠"等品种已打入美国、英国、加拿大等国市场,且很受消费者欢迎;东南亚诸国以进口"东方梨"为主,尽管存在与日本、韩国的竞争,但完全可以凭借我们优异的品质和相对较低的价格,取得先机。港、澳市场对国产梨果的需求量也呈上升趋势,如南方生产的翠冠等早熟梨,进行精美包装后,畅销于港、澳市场,售价高达 18~32 元/千克。只要我们加强管理、提高果品质量、树立品牌意识,就能进一步扩宽市场。综上所述,我国的梨果生产,近可稳固国内市场,扩宽东南亚与我国港、澳及俄罗斯、蒙古等周边市场,远可打入欧美市场,其前景是光明而广阔的。

(二)梨树优良品种介绍

1. 中梨一号(绿宝石)主要性状及主要栽培要点?

中国农业科学院郑州果树研究所于 1982 以新世纪为母本、早酥为父本杂交培育而成。生产中也称绿宝石梨。目前,在河北等梨产区、长江流域及其以南省份栽培面积发展较快。

中梨一号果实近圆形,平均单果重 220 克,果面平滑,有光泽,果实翠绿色、果皮薄,果心中等大小,果肉乳白色,肉质细脆,石细胞少,汁液多,可溶性固形物含量 12.0%~13.5%,品质上等。

树势较壮,生长旺盛;以短果枝结果为主,并有腋花芽结果,自然授粉条件下每个花序平均坐果 3~4 个,具良好的丰产性能。

栽培技术要点:

(1)定植与配置授粉树 中梨一号易形成较大树冠,沙荒薄地及丘陵地株行距以 2 米×4 米为宜,肥水条件好的可选用 3 米×4 米;早酥、新世纪、黄冠梨等品种均可作授粉树。

(2)加强肥水管理 结合深翻扩穴施基肥,幼树株施有机肥 25 千克和磷酸二铵 0.15 千克,初果期树株施有机肥 50 千克和磷酸二铵 0.25 千克;进入盛果期后,可按每 667 米² 施优质有机肥 4 000 千克、磷酸二铵 20 千克、硫酸钾 25 千克;萌芽前、开花后各灌透水 1 次;果实生长发育期,尤其是发育前期,需确保水分供应,如 10~15 天不下透雨则需灌水 1 次,以防止或减少裂果。

(3)疏花疏果、合理负载 应严格进行疏花疏果,每 667 米² 产量应控制在 2 500 千克以内。疏花宜在花序分离期到盛花期进行,每 20～25 厘米留 1 个花序,其余花序全部疏除;疏果于盛花后15 天开始,疏除小果、畸形果、病虫果和擦伤果,每花序留 1 个果。

(4) 病虫害防治　需做好轮纹病、梨小食心虫、金龟子的防治工作;对套袋栽培,更需注重康氏粉蚧、梨黄粉蚜、梨木虱等入袋害虫的防治。

2. 西子绿主要性状及主要栽培要点?

西子绿系浙江农业大学园艺系杂交育成的早中熟梨新品种,亲本为"新世纪"×(八云×杭青)。

西子绿果实近圆或扁圆形,平均单果重 240 克,果皮浅绿色,果面清洁无锈,果点小而少,表面有蜡质,光洁度好,外形美观;果心较小,果肉白色,肉质细、脆嫩,石细胞和残渣少,汁液丰富,风味甜,有香气,可溶性固形物含量 11%～12%;品质优。

树势中庸,树姿较开张;萌芽率和成枝力中等,以中短果枝结果为主;幼旺树有腋花芽结果,每果台抽生 2 个副梢,连续结果能力中等;自然授粉条件下平均每个花序坐果 2～3 个。但在长江以南地区,常因需冷量不足,花芽分化不太理想。

栽培技术要点:

(1) 定植与授粉树配置　定植株行距以 3 米×4～5 米为宜;可以黄冠、早酥、中梨一号等品种作为授粉树。

(2) 肥水管理　西子绿树势中庸,肥水要求高,不耐瘠薄。早施基肥,于 10 月中旬每株施猪粪、牛粪等有机肥 50 千克,加过磷酸钙 1 千克;适时追肥,花前每株施复合肥或尿素 0.5 千克,5 月份每株施用复合肥 1～2 千克,以促进果实膨大,并有利于花芽分化。北方梨区 7～8 月份应注意排洪和抗旱,高温干旱季节注意灌溉,以免叶片或果实产生"日灼"。

(3) 病虫害防治　南方梨产区应着重防治梨锈病、黑星病、蚜虫等病虫害;北方梨区应以黑星病、轮纹病、梨黄粉蚜为防治重点。

3. 华酥主要性状及主要栽培要点?

华酥系中国农业科学院果树研究所以种间远缘杂交(早酥×八云)育成的早熟梨新品种。在我国北京、辽宁、河北、江苏、四川等省(直辖市)栽培较多;甘肃、新疆、云南、等省(自治区)也有少量栽培。

果实近圆形,平均单果重 250 克,果皮黄绿色,果面光洁、平滑,有蜡质光泽,无果锈,果点小而疏,果肉白色,肉质细,石细胞少,酥脆多汁,酸甜适口,可溶性固形物含量 11%～12%,综合品质上等。

树势中庸偏壮,萌芽率高,发枝力中等;以短果枝结果为主;果台连续结果能力中等;丰产。

栽培技术要点:

(1)栽植密度与授粉树配置 行株距以 4 米×3 米为宜。授粉品种以早酥、华金、锦丰、鸭梨等为宜。

(2)整形方式和修剪特点 采用疏散分层形整形。除对中央领导枝及延长枝进行必要的重短截外,对树冠周围或内部直立的侧枝应适当轻剪长放,并通过拉枝以开张角度,促进花芽形成。进入结果期后,对内膛萌生过密枝条和细弱枝条,应适当疏剪,以保证通风透光、提高果实品质。

(3)疏花疏果 盛果期大树必须进行疏花疏果。疏花标准以两花序间距 20 厘米为宜;负载量应控制在每 667 米² 产量 2 500 千克。

(4)适时采收 按该品种成熟度标准,当果皮由绿色开始转为黄绿色时,果实即可采收上市。

4. 早酥有哪些栽培特点？

早酥系中国农业科学院果树研究所种间远缘杂交育成的早熟梨新品种，亲本为"苹果梨"×"身不知"。在我国北京、天津、辽宁、河北、江苏、甘肃、山西、陕西、云南等省（直辖市）栽培较多。

果实卵形或卵圆形，平均单果重 250 克；果皮绿色，在山地和高原地区阳面有红晕，果面光洁、平滑，有蜡质光泽，并具棱状突起，无果锈，果点小而稀疏、不明显，果肉白色，肉质细、酥脆，石细胞少，味甜或淡甜，品质上等。

树势强健，萌芽率高，发枝力中等偏弱；以短果枝结果为主，果台连续结果能力中等偏弱；自然授粉条件下花序坐果率高（85%），具早果早丰特性，一般定植 2～3 年即可结果，6～7 年生树每 667 米^{2}产量可达 2 500 千克。

栽培技术要点：

(1) 栽植密度与授粉树配置　株行距以 3 米×4 米为宜；授粉品种以苹果梨、华酥、锦丰、鸭梨、雪花梨、砀山酥梨等为宜。

(2) 整形方式和修剪特点　采用小冠疏散分层形整形。该品种极性强，为抑制中心领导干过强，可采用弯曲主干或以弱枝换头的方法；为促发新梢，整形期宜在轻剪长放并开张角度的基础上，做好刻芽工作；盛果期大树需对内膛着生过密枝条和细弱枝条予以适当疏剪，并对外围大枝进行疏剪与回缩以保证树冠良好的通风透光条件，从而达到保持树体结果能力、提高果实品质之目的。

5. 六月雪主要性状及主要栽培要点？

六月雪梨是一个极早熟、极优质梨品种，系 20 世纪 90 年代初重庆市从省内外引进的一批种质资源中选出，亲本不详。因在 6 月底成熟，故果农称为"六月雪"。

六月雪果实成熟极早，该品种在重庆、成都地区 6 月底成熟。

该品种肉质雪白,极细嫩、酥脆,几乎无石细胞,口感好,属当前极早熟梨中之精品。平均单果重超过 200 克,最大果重可达 350 克,在极早熟品种中属大果型。六月雪外观翠绿色,不套袋只有少量果锈,套袋后果皮乳黄色。

栽培技术要点:

(1)建园栽植 需土层深厚、疏松,但是坡度不能过大。株行距 3 米×4 米。定植时每株施入 25～30 千克农家肥加 100～150 克含量为 45％的硫酸钾复合肥。

(2)施肥 栽后第一年以薄肥勤施为宜。3～7 月份每月施肥 1 次,每次以每株 10 克尿素、10 克复合肥加 2.5～5 千克粪水,8 月底至 9 月初结合扩穴重施 1 次基肥,以每穴不低于 30 千克农家肥配合 100～150 克硫酸钾复合肥。栽后第 2～3 年施肥过程与上一年的施肥方法基本相同,施肥量略有增加。

(3)整形 采用自由纺锤形树形,株高控制在 2.5 米左右,主干 70 厘米,主枝 6～9 个。

(4)病虫害防治 病害防治主要防治黑星病、黑斑病、锈病、轮纹病等。首先必须加强树体管理,大量使用优质农家肥,适量增加氮、磷、钾肥的用量,酌情补施硼肥、锌肥等多种微量元素,增强树势,保证树体营养水平,提高抵抗病虫害的能力。虫害的防治主要防治梨大食心虫、梨茎蜂、梨木虱、梨蚜等。

6. 早冠梨主要性状及主要栽培要点?

早冠梨是河北省农林科学院石家庄果树研究所 1977—2005 年进行种间远缘杂交选育而成。

早冠梨果实圆形,果形美观,平均单果重 230 克;肉汁细腻酥脆,石细胞少,汁液丰富,风味酸甜适口,可食率高;可溶性固形物含量 12％以上。成熟早。果实在石家庄地区 7 月底或 8 月初成熟,较黄冠梨早 15 天左右。早冠梨自花授粉花序坐果率达

76.8%。抗黑星病,早果及丰产性好。2~3 年结果,5 年生树每 667 米²产量可达 2 500 千克。

栽培技术要点:

(1)建园 建园栽植株行距以 3 米×4~5 米为宜,可用鸭梨、黄冠、雪花梨等作为授粉树。

(2)整形修剪 树形采用疏散分层形,不宜采用开心形(该品种遇 40℃以上天气或雨后高温,基部幼果和叶片裸露,易形成日灼)。幼树整形期需要做好拉枝造型工作。盛果期树每 667 米²留枝量应在 4 万~5 万条。

(3)树体负载量 该品种自然条件下坐果率高,必须通过疏花疏果来调节负载量。每花序留单果,果实空间距离以 20~25 厘米为宜。

(4)套袋类型 套单层白蜡袋或外黄油封内白蜡纸双层袋最适合该品种。

(5)肥水管理 施肥以秋施基肥为主,每 667 米²施优质有机肥 4 000 千克。生长季节根据不同时期追施适量速效肥以满足树体和果实生长的需要,盛果期树花后株施尿素 1 千克,6 月上旬和 7 月上旬追施 1~2 次磷、钾复合肥。水分管理以前期保证、后期控制为原则。

(6)病虫害防治 病害防治以轮纹病为主,虫害防治以梨小食心虫、梨木虱、黄粉病、康氏粉蚧为重点。

7. 爱甘水梨主要性状及主要栽培要点?

日本用长寿×多摩杂交育成品种。

爱甘水梨果实扁圆形,中大,果实整齐,平均单果重 190 克,果皮褐色,具光泽,果点小,中密,淡褐色。果梗中长至较长,梗洼浅,圆形,萼洼圆正,中深较浅,脱萼。果肉乳黄色,质地细脆、无渣,味浓甜,具微香,汁多。品质优,可溶性固形物含量 12%以上。早果丰产,定植1年生苗翌年即可成花结果,第三年可全面结果投产,5年生株产量达15～20千克,每667米²产量达2000～2500千克。爱甘水梨树冠圆头形或半圆形,树姿较开张,生长势中庸。萌芽力较强,成枝力中等。幼树以长、中果枝结果为主,成年树以短果枝结果为主。在石家庄地区萌芽期3月上旬,花期3月下旬至4月初,果实7月下旬成熟。

栽培技术要点:本品种干性较弱,生长势中庸,树姿较开张,树形宜采用多主枝自然圆头形或自由纺锤形。因生长势中庸,可适当密植,株行距以2～3米×3～4米为宜。定植配置20%～25%的授粉品种,可用翠冠、圆黄、鸭梨等作授粉树。建园时,特别是土质较差的地区,应进行土壤改良,加大基肥量。注重春、夏、秋肥施入外,还应视树势及时根外追肥,以保持树势生长健壮。修剪上以轻剪为主,不宜大剪大锯。病虫害防治方面要加强对梨蚜、梨黄粉蚜、梨木虱、梨黑星病、梨黑斑病、梨锈病等病虫害的防治。

8. 翠冠主要性状及主要栽培要点?

翠冠系浙江省农业科学院园艺研究所和杭州种猪试验场育成的早熟梨新品种,亲本为"幸水"×(杭青×新世纪)。在我国浙江、上海、江西、安徽、福建、四川等省(直辖市)栽培较多。

翠冠梨果实圆形,平均单果重230克;果梗略有肉质,果皮绿色,果面平滑,有蜡质光泽,于南方梨区有少量果锈,果点在果面上部稀疏,下部较密;果肉白色,肉质细腻,石细胞少,松脆多汁,风味甜,品质上等。果心较小,可溶性固形物含量11%～12%;综合品质上等。

树势强;萌芽率高,发枝力较强;以长、短果枝结果为主,且易形成腋花芽,具良好的丰产性能;一般定植后第二年即可结果,5～6年生树每667米²产量可达2000～2500千克。

栽培技术要点:

(1)栽植密度与授粉树配置 翠冠长势较旺,树姿直立,栽植行株距以 4 米×5 米为宜;授粉树可用黄花、翠伏、鸭梨等品种。

(2)整形方式和修剪特点 采用疏散分层形整形。幼树修剪对树冠周围或内部直立的侧枝应适当轻剪长放,并拉枝以开张角度,促进花芽形成。结果期树需对外围大型结果枝组进行适度回缩或疏剪,并对内膛着生的过密枝组和细弱枝组进行适当疏剪。

(3)疏花疏果与套袋 盛果期大树必须进行疏花疏果。疏花以花序间距不小于 20 厘米为宜;疏果最好分两次进行,第一次初疏在谢花后 20 天,第二次复疏在 5 月上旬;疏果完成后最好立即套袋。因翠冠果面易形成锈斑,为减少果锈发生,套袋前切勿喷乳剂,应尽量选用粉剂或水剂,或采用两次套袋的方法。

9. 黄冠主要性状及主要栽培要点?

黄冠是河北省农林科学院石家庄果树研究所以雪花梨为母本、新世纪为父本杂交培育而成。在华北、西北、淮河及长江流域的大部分地区可栽培。

黄冠果实椭圆形,平均单果重 278.5 克,果面绿黄色,果点小、光洁无锈,果皮薄,果肉洁白,肉质细而松脆,汁液丰富,风味酸甜适口且带蜜香;果心小,石细胞及残渣少;可溶性固形物含量 11.4%左右,综合品质上等。

树势健壮,幼树生长较旺盛且直立,多呈抱头状;萌芽率高、成枝力中等,始果年龄早,1 年生苗的顶花芽形成率可高达 17%;以短果枝结果为主,短果枝占 69.5%、每果台可抽生 2 个副梢,且连续结果能力较强,幼树期有明显的腋花芽结果现象,具有良好的丰产性能。

栽培技术要点:

(1)定植与授粉树配置 株行距一般以 3 米×4 米为宜,可与冀蜜、鸭梨、中梨一号等品种互为授粉树。

(2)整形 宜采用疏散分层形。幼树需做好拉枝造型工作,枝条宜尽量保留、并长放促花。盛果期树应及时疏除过密辅养枝,且实施"落头"以保证内膛光照;并对结果枝组进行回缩复壮,以确保连年丰产、稳产。同时,需要做好夏季修剪工作。

(3)肥水管理 以秋施基肥为主,成龄树每株施农家肥30～50千克,萌芽期和果实速长期追施少量速效肥;灌水应以"前期保证、后期控制"为原则。

(4)疏果与套袋 以留单果为主,且以幼果空间距离30厘米为宜。果实套袋可选用外黄内黑双层袋,或内加衬纸的三层袋,并于5月底以前完成。

(5)病虫害防治 以梨小食心虫、梨木虱、梨茎蜂、轮纹病等为主要防治对象。对套袋栽培应加强梨黄粉蚜、康氏粉蚧、梨木虱等入袋害虫的防治工作。

10. 雪青梨主要性状及主要栽培要点?

雪青梨是由浙江大学园艺系育成。

该品种果实大,单果重300～400克,最大果重750克。果实圆球形,果皮绿色,果面光洁,无果锈,有光泽,果点小而稀、不明显。果心小,5心室。果肉洁白,细嫩而脆,石细胞少,无渣,汁多。果实味甜,微香,品质佳。室温可贮藏15～20天,冷藏可达4～5个月。

树势强,树姿开张。萌芽率高,成枝率中等。中、短果枝结果为主,果台枝连续结果性好,并有腋花芽结果。结果期早,定植后3年株产12.5千克,第五年株产25千克。抗轮纹病、黑星病。果实发育期120～125天。主要适于我国长江流域和黄河流域栽培,包括河北省在内的部分省引种栽培反映较好。

栽培技术要点:雪青梨需肥要求高,宜择立地条件好的地块栽培。加强肥水管理,多施有机肥,注意平衡施肥。该品种易形成花芽,坐果率高,应合理整形修剪和疏花疏果,以达优质、高产、高效益的效果。该品种果实过大时果面容易出现不平,生产中要注意合理负载,一般每 667 米^{2}产量 2 500～3 000 千克比较合适。

11. 玉露香梨主要性状及主要栽培要点?

玉露香梨是山西省农业科学院果树研究所以库尔勒香梨为母本、雪花梨为父本杂交育成的优质中熟梨新品种,以汁多、酥脆、含糖高、无公害等特点,2014 年被国家农业部确定为果树发展主导品种。

该品种果实近球形,平均单果重 236.8 克。果面光洁细腻具蜡质,阳面着红晕或暗红色纵向条纹。果皮薄,果心小。果肉白色,酥脆,无渣,石细胞极少,汁液特多,味甜具清香,口感极佳;可溶性固形物含量 12.5%～16.1%,品质极佳。果实耐贮藏,在自然土窑洞内可贮存 4～6 个月,恒温冷库可贮藏 6～8 个月。

幼树生长势强,结果后树势中庸。萌芽率高,成枝力中等,易成花,坐果率高,丰产、稳产。在原产地山西省晋中地区 4 月上旬初花,4 月中旬盛花,果实成熟期 8 月底至 9 月初,8 月上中旬即可食用,果实发育期 130 天左右。树体适应性及抗性强,对土壤要求不严,在华北地区均可种植。

栽培技术要点:

①中密度栽植,株行距一般以 2～3 米×4 米为宜。采用主干形或纺锤形树形。注意早期拉枝、刻芽等技术的应用,以缓和树体营养生长,提早结果。

②玉露香梨易成花、坐果率高,要求及时疏花疏果,盛果期注意加强肥水管理,合理负载,提高果品质量。盛果期产量控制在2 000～3 000 千克为宜。

③果实皮薄肉嫩,注意提高采收和包装质量。

④花粉量少,不宜作授粉树,所以建园时要注意配置至少 2 个

可互相授粉的授粉品种。

12. 园黄梨主要性状及主要栽培要点？

韩国园艺研究所用早生赤与晚三吉杂交育成的一个中熟砂梨新品种。

果实圆形，果点小而密集。平均单果重 400 克。可溶性固形物含量 15%～16%，果皮薄，果皮底色深褐色，套袋之后变为浅褐色；果肉乳白色，果汁多，石细胞少，酥甜可口。果实 8 月下旬至 9 月上旬成熟，果实品质佳。适应性强，较抗旱、抗寒和抗病，耐盐碱、易管理。早果丰产，幼树第二年见花，第三年结果，每 667 米² 产量一般在 2 000～2 500 千克。

树势较强，树姿半开张形，易形成短果枝和腋花芽。1 年生枝条黄褐色，皮孔大而密集，枝条粗。成花容易，自然授粉坐果率较高。花芽饱满、花粉量多，与多数品种亲和力强。

栽培技术要点：

①植株生长势较强，注意合理密植，每 667 米² 定植 45～80 株。授粉树以新世纪、丰水为好。

②定植第一年施足基肥，每 667 米² 施腐熟的有机肥 3 000 千克。前 2 年内确保肥水供应充足，尽快促进树冠形成，结果后，应加强肥水管理，特别是有机肥的施入量应达到每 667 米² 5～10 米³。

③整形修剪。可采用自由纺锤形，夏季对新梢留 30 厘米摘心，以增加结果枝。及时拉枝，改善通风透光条件。高接树第一年及时拉枝并增强树势，第二年即可形成花芽。

④套袋。5 月中旬疏果后开始套袋，6 月上旬前套完。

⑤病虫害防治。主要注意对梨黑斑病、梨黑星病、螨类、蚜虫、梨小食心虫和梨网蝽的防治。

13. 丰水梨主要性状及主要栽培要点？

丰水梨是日本农林水产省果树试验场1972年以（菊水×八云）×八云杂交育成。

果实近圆形，单果重300～350克，果皮浅黄褐色，阳面微红，果面粗糙，有棱沟，果点大而密，果皮较薄，果肉乳白色，肉质细嫩爽脆，汁多味甜，可溶性固形物含量11%～13.5%；果心中大，石细胞及残渣少，品质上等。

幼树生长旺盛，树姿半开张，成枝力弱，萌芽率较高；幼树以腋花芽和短果枝结果为主，进入盛果期后，树势趋向中庸，以短果枝群结果为主；易成花，结果早，较丰产，自花授粉条件下坐果率较低，故需配置授粉树。

栽培技术要点：

（1）栽植密度及授粉树配置　株行距以3米×4米为宜，授粉树可用黄冠、中梨一号、早酥、华酥等。

（2）肥水管理　树势易衰弱，对土肥水条件要求较高。每667米²施有机肥3 000千克，1年进行3次追肥，即萌芽前追施氮肥，花后至花芽分化前（5月中旬至6月）追多元素复合肥，果实膨大期（7～8月份）追钾肥、并适当配合磷肥。灌水可结合施肥进行，重点是萌芽开花前、新梢快速生长期、采果后和越冬前等时期。

（3）整形修剪　宜采用低干矮冠的疏散分层形。1～3年生幼树的修剪适当重短截，以促发新枝和加速树冠形成；主枝的角度不宜开张过大，以60°～70°为宜；结果后需对结果枝组进行及时更新复壮，以保持树势平衡。

14. 鸭梨主要性状及主要栽培要点？

鸭梨原产河北省，是最为古老的白梨系统优良品种之一。华北各地、辽宁、陕西、甘肃、新疆等地均有栽培。在河北省鸭梨栽培面积最大。

鸭梨果实大小中等,单果重 190～210 克,近短葫芦形,果柄一侧常有突起。采收时果皮底色绿黄,贮藏后转为黄色,果面光滑,有蜡质。果柄长 4.6～5.4 厘米,梗洼近于无;萼片脱落,萼洼深广。果心小,果肉白色,肉质细脆,汁多,味甜微酸。可溶性固形物含量 12% 左右,品质上等。

树冠披散形,树姿开张。1 年生枝条粗而屈曲,柔软,黄褐色。叶片大,广卵圆形或阔椭圆形。树势较强,萌芽力中等,多萌发为短果枝,成枝力弱。

主要栽培要点:

(1)早施基肥,增施磷肥,控制氮肥 施基肥的时间提早到秋季果实采收后(9～10 月份),这时结果树体内的营养消耗已非常大,根系将出现全年最后 1 次生长高峰期。提早适量施入基肥,可达到树体营养补亏,恢复树势,充实花芽,为翌年开花结果打基础的效果。在施基肥和追肥时,增加磷肥施用量可明显改善鸭梨的品质。氮肥要在麦收前(6 月份前)施足。6 月份后控制使用。后期施氮肥过多,会造成果实品质下降,风味变淡。

(2)合理修剪、调整树势和光照 盛果期树主要是调整枝组,控制树高不超过 3.5 米,打开层次解决光照,使大中小枝组均匀配置。对衰弱枝组应进行更新复壮。

(3)进行人工授粉和疏花疏果,严格控制留果指标 生产一般用雪花梨、黄冠梨、绿宝石梨等作为授粉树。人工授粉可明显提高果实品质。疏花疏果一般从花序分离期开始疏花,落花 2 周后开始疏果,至 5 月底前全部完成。

(4)鸭梨套袋 套袋时期一般从 5 月上旬疏完果后开始进行,到 6 月 5 日前套完。套袋前先喷 1 次杀菌杀虫混合药剂,边喷药边套袋。梨袋以双层内黑的纸袋为好。

15. 雪花梨主要性状及主要栽培要点？

产于河北省赵县,华北各省(市)梨区均有栽培。

雪花梨果实较大,平均单果重273克,多为长卵圆形或长椭圆形。果皮绿黄色,贮藏后转为黄色,果皮平滑有光泽,果点小而密,外观较美。果柄长5厘米左右,梗洼窄、中广;萼片脱落,萼洼窄而深。果心小,果肉白色,肉质较细脆,汁液多,味淡甜,可溶性固形物含量12%左右,品质中上等或上等。果实耐贮藏。

树冠半圆形,枝条半开张。树势中庸,枝条粗硬。结果年龄较早,苗木定植后3~4年开始结果。萌芽力强,发枝力弱,主要以短果枝和腋花芽结果为主。抗寒力中等,较抗黑星病和轮纹病,抗风力弱。授粉品种可选用茌梨、鸭梨、黄县长把梨等。

主要栽培要点:

(1)加强土肥水管理 定植时每株施厩肥80千克。定植当年至第三年,每年每株施果树专用肥0.2千克。自第四年结果开始,每年进行早秋施肥,以鸡粪或猪粪为主,用量每667米² 10 000千克以上;花前和6月上旬各施1次果树专用肥(每次0.75千克/株);在保证花前水和封冻水的基础上,视旱情灌水3~4次。

(2)合理整形修剪 采用疏散分层形,在搞好冬剪的基础上加强生长季节的修剪,主要是拉枝、开角、扭梢、摘心。

(3)严格疏花疏果 平均每25厘米留1个果。产量每667米² 2 500千克左右。

(4)及时防治病虫害 坚持"预防为主,防治结合"的方针。每年花前喷1次3~5波美度石硫合剂;注意防治梨黑星病、梨蚜、梨木虱、梨小食心虫等病虫害。

16. 大果水晶梨主要性状及主要栽培要点？

大果水晶梨是韩国从新高梨的枝条芽变中选育成的梨新

品种。

果实圆形或扁圆形,果形端正,平均单果重 300 克,最大果重850 克,大小较整齐。果皮薄,外观晶莹光亮。套袋果果皮淡黄色,果点小而稀,洁净美观,有透明感,外观更美。果肉白色,肉质细嫩,石细胞极少,汁液多,可溶性固形物含量 14% 左右,含酸量低,味甘甜,品质优。果实在 9 月上中旬成熟,果实生育期 170 天左右,属中晚熟品种。耐贮运,常温下可贮藏 1 个月左右。幼树树势强健,树姿直立,结果后树势中庸健壮。萌芽力较弱,成枝力中等。

主要栽培要点:

(1)定植建园 对土壤的适应性强;定植前要深翻改土并施优质有机肥,株行距可为 3 米×4 米,授粉树可选黄冠梨、中梨一号、园黄等。

(2)整形修剪 整形可采用纺锤形。修剪主要是控制顶端优势,利用拉枝充分占用空间,增加结果部位。

(3)肥水管理 秋季结合深翻改土施基肥;追肥一般 1 年进行4 次,时期分别为:萌芽前(3 月中下旬)、花后和花芽分化前(5 月中旬至 6 月下旬)、果实膨大期(8~9 月份)和营养贮藏期(果实采收后至落叶前),肥料前期以氮肥为主,后期以复合肥为主;结合施肥进行灌水。

(4)花果管理 疏花疏果应在花后 40 天内完成,旺树多留,弱树少留;套袋可选用三层内黑袋。

(5)病虫防治 该品种适应性强,抗寒、抗旱,抗黑星病、炭疽病和轮纹病。在多雨的年份和地区叶片易感染黑斑病和褐斑病,应注意加强防治。

17. 红香酥梨主要性状及主要栽培要点?

红香酥梨是中国农业科学院郑州果树研究所以库尔勒香梨为

母本、鹅梨为父本杂交选育而成。

果实长卵圆形或纺锤形,平均单果重 200 克,最大果重 498 克,果面洁净、光滑、果点大。果皮底色绿黄、阳面 2/3 鲜红色;果肉白色,肉质细嫩,石细胞少,汁多、味甘甜、香味浓。品质极上等。华北地区 9 月下旬成熟,常温下可贮藏 2~3 个月。该品种外观艳丽,结果早、丰产。适应性强,较抗梨黑星病、黑斑病。是一个极有希望的红皮、晚熟、耐贮新品种。

长势中庸,萌芽率高,成枝力中等,树冠内枝条稍稀疏。长枝甩放后容易成花,成花率高,有腋花芽结果习性。早实丰产,定植后第二年可见花,第三年正常结果,平均株产 8 千克,第五年进入盛果期,每 667 米² 产量 2 500~3 000 千克。

栽培技术要点:幼树应于早春发芽前对 1~2 年生枝中下部的叶芽刻芽,促其萌发并长成中、长枝,刻芽在叶芽上方 1 毫米处进行,深达木质部。也可在叶芽上涂抹抽枝宝、发芽素等生长调节剂,促其萌发生长。红香酥梨坐果率高,应注意疏花疏果,若任其坐果,则易导致坐果量偏多、果实偏小、商品价值低。疏花在花蕾分离期至落花期进行,每 15~20 厘米留 1 个花序,每个花序留 2~3 朵花;疏果在盛花后 15~25 天进行,首先疏掉畸形果、病虫果,每个花序留 1 个果。通过疏花疏果,合理负载,并加强管理,即可使红香酥梨单果重在 230 克以上,果形端正。

18. 中华玉梨主要性状及主要栽培要点?

中华玉梨又名中梨三号,是中国农业科学院郑州果树研究所于 1980 年以大香水为母本、鸭梨为父本杂交育成的梨树新品种。

中华玉梨果实大,平均单果重 300 克,最大果重达 600 克。果实粗颈葫芦形或卵圆形,果实大小整齐,果面光滑洁净,果皮黄绿色,果点小,梗洼浅平,萼洼中深,萼片脱落,外观似鸭梨。果皮绿黄色,果面光洁,套袋果洁白如玉,外观极美。果肉乳白色,肉质细嫩酥脆,果心极小,无石细胞或很少,汁液多,肉质酥、脆、甜、爽口,清香味浓,无石细胞,果心小,可溶性固形物含量 12%～13.5%,品质极上等。果实 9 月下旬成熟,极耐贮藏。

该品种结果早,一般栽后 2～3 年即可结果,盛果期株产 50 千克以上。以短果枝结果为主,连续结果能力强。丰产、稳产。该品种适应性广、抗旱、耐寒、抗病。

中华玉梨树势中庸健壮,一般栽后 2 年开花结果,以短果枝和叶丛枝结果为主,有一定的顶花芽和腋花芽结果能力。

栽培技术要点:

新栽幼树的管理技术。定植时施足基肥,每穴施腐熟鸡粪 30 千克或牛粪 50 千克,过磷酸钙 0.5 千克,尿素 0.2 千克。授粉品种可用鸭梨、雪花梨、金星、红香酥、早美酥,比例 1∶4～5。

栽植密度株行距以 3 米×4 米为宜。树形可采用疏散分层形或自由纺锤形整形。修剪时除中央领导干和主枝延长枝进行剪截,对树冠周围和内部直立的侧枝适当轻剪长放,并通过拉枝、刻芽,以促进花芽形成。对内膛着生过密的枝条及细弱枝条适当轻剪,以改善通风透光,提高坐果率。生长季节注意拉枝,开张角度。

中华玉梨以短果枝结果为主,果台枝连续结果能力中等。注意及时疏花疏果,果间距 20 厘米为宜。留果 15 000 个/667 米² 左右,留单果。

施用基肥一定要注意秋施肥,施肥量充分腐熟的鸡粪施用 3 米³/667 米²,化学肥料全年用量的 30%氮、磷肥也在秋季施用,其余 70%的氮、磷肥在落花后,果实膨大期施用。钾肥在 7 月中旬、8 月下旬分 2 次施用。

（三）疑 难 问 题

1. 梨树建园前应该如何选配品种？

我国是世界第一梨树生产大国，生产中栽培的各具特色的优良品种很多，梨树建园前的品种选配是否得当，直接影响着梨树生产的经济效益，梨树建园时选配品种要注意以下几点：

（1）品质优良 只有具备优良的品质，才能为市场所接受，创造出较好的经济效益。优良品种一般要具备果实个大、美观、果面光洁、果形端正、内在品质优良、果肉细脆、酸甜适口、抗病、耐贮藏等特性。

（2）适地适栽 要根据当地的气候条件及立地条件，选择适于在当地正常生长和结果的优良品种。任何一个优良品种都有一定的区域适应性，只有在最适宜的条件下，该品种才能够发挥其最大产量和最高品质的潜力，取得高效益。

（3）适销对路 要准确的预测市场前景，进行品种选配。不同的品种有着不同的果实风味，同一品种在不同的地区成熟期也有一定的差异。所以，要根据市场的需求，选用适销对路的品种。在当地已形成规模种植的品种可以选用。其他如某一品种在当地能够早熟或晚熟，能提早上市或耐贮藏，或某一品种在当地能生长出独特的风味等，都是可以选用的。针对不同的市场选择不同成熟期的优良品种，为市场及时提供可上市的优质梨果，也可取得显著的经济效益。

（4）组合适当 梨树多数品种自花不实，需配备授粉树，所以要选好品种组合，防止品种单一。所选品种间相互授粉的亲和力要强，花期吻合，保证优质丰产。一般主栽品种和授粉品种比例掌握在 4：1～2 左右。

2. 梨园建立如何选择园址?

发展梨树生产,首先要选择合适的品种组合,然后进行统一规划,合理布局。其次最好建设在土层深厚的沙壤土上,灌水条件好、肥源充足。梨园建设要成方连片,要具有一定的规模,以便于建立生产、销售、加工一条龙的经营模式。要高标准建园,园区的规划、建设、排灌系统规划、防护林建设等都必须高起点,便于进行集约化、规模化、产业化的管理。现代梨树栽培必须向集约化、规模化、商品化、产业化和无公害方向发展,只有这样才能实现梨树的丰产优质和高效栽培。所以,在园址选择上要符合无公害梨果生产要求。

无公害梨果的园址应建在生态环境良好,远离污染源,并具有可持续生产能力的农业生产区域;应符合以下6项条件:一是无"三废"污染的地区。二是附近没有造成污染源的工矿企业。三是灌溉水应是深井水或水库等清洁水源,避免使用污水或塘水等地表水。四是园区上游没有排放有毒、有害物质的工厂。五是距主干公路50~100米及以上。六是未长期使用含有毒害物质的工业废渣损害土壤,不曾使用过六六六和滴滴涕等高残留农药。

3. 无公害梨园选址有哪些规定?

按照无公害梨生产标准,无公害梨园生产基地空气中污染物的浓度不得超过表3中规定的指标。

表3　无公害梨产地环境空气质量要求

项　目	浓度限值(毫克/米³)	
	日平均	1小时平均
总悬浮颗粒物(标准状态)	≤0.30	—
二氧化硫(标准状态)	≤0.25	≤0.70
氟化物(标准状态)	≤7.0	≤20

无公害梨产地灌溉水质量应符合国家标准《农田灌溉水质量标准》(GB 5084—1992)中制定的标准值。其中规定了 pH 值应在 5.5~8.5,总铜、总汞、总铬、总砷、总铅含量不得超过表 4 中规定的标准值。

表 4　无公害梨灌溉水质量要求

项　　目	浓度限值(毫克/升)
总　铜	≤1.0
总　汞	≤0.001
总　铅	≤0.1
总　镉	≤0.005
总　砷	≤0.1

无公害梨产地土壤环境质量必须符合国家标准《土壤环境质量标准》(GB 15618—1996)中二级标准值,其中规定了类金属元素砷和金属元素镉、汞、铅、铬、铜的含量不能超过表 5 中规定的标准值。

表 5　无公害梨土壤环境质量要求

项　目		含量限值(毫克/千克)		
		pH 值<6.5	pH 值 6.5~7.5	pH 值>7.5
总　铜	≤	150	200	200
总　汞	≤	0.30	0.50	1.0
总　铅	≤	250	300	350
总　铬	≤	150	200	250
总　镉	≤	0.30	0.30	0.60
总　砷	≤	40	30	25

4. 梨园园区建设如何进行划分？

选好园址以后,主要根据建园规模、地形、地势和土壤条件等将梨园划分成若干个小区,根据具体情况选择适当的面积。一般平原地区,小区的面积应大一些,一般在 5～10 公顷,小区的形状一般设计成长方形,这样便于进行机械化耕作,能够提高工作效率;环境条件稍差的平原地区,小区的面积应适当小一些,一般为 3～6 公顷;山地、丘陵区,由于地形复杂,不容易成方连片,小区面积一般为 1～2 公顷即可。

以平原梨园为例,如小区面积为 5 公顷,选择南北行向,行长一般为 50 米左右,这样便于管理和机械化作业,行长过长,灌水、喷药等作业不方便。

5. 梨园道路及其附属建筑物如何规划？

梨园尤其是规模较大的梨园必须设置作业道,便于施肥、喷药和果品运输等。道路的多少、宽窄决定于梨园的规模、小区的数量。一般在果园正中间设置一条贯穿全园的主干道,路面宽 5～7米;各小区之间设立支路,一般宽 2～4 米,主要用作人行道和大型农业机具的通道。

附属建筑物主要包括管理用房、农具室、配药池、临时贮藏室、选果棚等,这些建筑物应建立在主干道附近,便于操作。

目前,我国自动化的选果生产线还很少,绝大部分需要通过人工分级,这些工作最好在果园就地进行,因此在现阶段还必须设置包装场地,即选果棚。果实采收后,立即送到包装场进行分级和包装。面积较大的果园,还应该建设相应的冷库或冷藏设施,以备果实不能及时外运时立即入库保鲜,防止造成不必要的损失。

6. 梨园排灌系统如何规划建设？

排灌系统在现代果园中起着举足轻重的作用，是果树正常生长、防止旱涝灾害，实现丰产稳产的基本保证。

灌水系统的设计，首先考虑的是水源。若采用地下水灌溉，先在合适的位置打机井，一般每口机井的灌溉面积在 66 700～100 050 米^2，然后根据自己的实际条件，选择最佳的灌溉方式。如果有湖泊、水库、河流等地上水源，灌溉更方便。不管怎样，每个果园都要有完善的灌溉系统，包括干渠、支渠和毛渠。不同渠道管道直径不同，根据具体情况将各级管道结合道路建设铺设于地下，在毛渠上每隔一定距离设置一个出水口，管道灌溉是当前最常用的灌溉方法，经济有效。有条件的可以根据梨园具体情况建设喷灌、渗灌、小管出流等灌水设施，灌水效果好，且可明显节水。

梨园一般还要设置排水系统，防止雨季产生涝灾。规模较大的果园，排水系统也分为三级，即小渠、支渠和干渠。小渠顺水流方向，支渠一般与水流方向垂直，并与干渠相连。由于渠道太多，影响果园作业，有条件的可将这些渠道建成暗渠。

7. 梨园如何进行防护林建设？

梨园防护林可以改变梨园小气候，防止风害、减少土壤蒸发和植物蒸腾、降低风速等，从而减轻自然灾害。例如，早春梨树花期有晚霜时，防护林可明显降低霜害；夏季遇大风雨天气可明显降低风速，减少落果。因此，一般梨园尤其是大型梨园，必须建立防风林，最好是在梨树定植前同时栽植防风林，风沙危害严重的地区，更应做好此项工作。防护林带有效防护距离一般是树高的 20 倍左右。梨园外围迎风面应栽主林带，一般栽 6～8 行高大乔木，如杨树，泡桐等，最少不能少于 4 行，栽植到外缘；并在里缘配合栽植小乔木（花椒）和灌木（紫穗槐）等，这样防护林的防护效果更好。

乔木树种栽植株行距为 1~2 米×2~3 米,小乔木和灌木株行距均为 1 米左右。选择防护林树种时,不要选择桧柏、刺槐、榆树等与梨树有共同病原或害虫的寄主植物,防止传染或加重梨树病虫害危害。

8. 梨园建设如何进行品种搭配?

(1)主栽品种 建立一个梨园,首先要选择主栽品种,品种不宜过多,根据面积大小,一般 1~2 个主栽品种,最多不超过 3 个,这样栽培管理比较方便,也便于采收和销售。主栽品种所占比例为全园的 70%~80%。

(2)授粉品种 大多数梨树品种是异花授粉果树,建园时必须选择合适的授粉品种。选择授粉树应遵循以下原则:一是要选择与主栽品种花期相遇的品种,并能相互授粉;二是要选择与主栽品种的花粉亲和力强的品种,坐果率高;三是授粉品种的花粉量要大,发芽率高;四是梨树有花粉直感现象(即授粉树的品质、外形影响主栽品种果实的形状和品质),必须选择授粉后保证主栽品种品质良好的品种作授粉树;五是授粉品种本身要品质优良,具有较高经济价值,丰产、稳产。

授粉树所占比例一般为 20%~30%。在稀植条件下,授粉品种以整行种植为好;密植果园,授粉树可按一定比例栽植在主栽品种的行内,便于访花昆虫传粉。如选择能同时相互授粉的两个优良品种进行建园,也可按两个品种各占 50% 的比例进行搭配。

9. 如何利用优质半成苗建梨园?

利用优质半成苗也可以进行梨园建设,技术得当也可取得理想效果,尤其在苗木资源紧缺时,采用半成苗建园也不失为一种好办法。采用半成苗建梨园有以下优点:

(1)缓苗快 因起苗木时一般伤根较多,成苗地上部枝条长、芽眼多而根系相对较小,造成地上部与地下部的不平衡,移栽后生长缓慢。而半成苗定植后,根系只供一个接芽生长,养分相对充足,接芽萌发后缓苗快,生长旺盛。一般当年可达定干高度,第二年根系可完全恢复,生长健壮。

(2)成本低 半成苗价格一般较成苗便宜一半以上,对于一些售价较高的优良品种,可节省当年建园成本,在资金不足时更可以考虑半成苗建园。

(3)便于运输 半成苗体积小,便于运输,节省运输成本。

(4)秋栽后便于埋土防寒 半成苗由于植株较矮,定植后在冬季需埋土防寒的地区可将半成苗地上部分完全埋住,用土少,省工。

采用半成苗建梨园的缺点:一是苗木不容易分级,二是定植后在田间管理中容易碰掉接芽或嫩枝,虽然可补接,但容易造成园貌不整齐。因此在利用半成苗建园时可采用"小拱棚"建园。方法是栽植半成苗后,于土壤解冻后在每株半成苗上用 0.8~1 米²、厚度0.01 毫米的棚膜,做一直径 30~35 厘米、高 30 厘米的"小拱棚"罩于半成苗上,这样既可保证成活后苗木迅速生长,又可防止金龟子等害虫的前期危害。苗木生长至拱棚顶端时可用烟头在顶芽处烫眼儿,以利通风,5 月上旬以后新梢长至棚顶可将小拱棚撤除。

10. 利用半成苗建立梨园要注意哪些事项?

利用半成苗建立梨园要注意以下事项:

①严格掌握半成苗苗木质量,检查每株半成苗的接芽一定要完全成活。

②定植深度要使接口高于地面,尤其不能埋过接芽部位,以在苗圃时深度为最好,原则上宁浅不深。

③秋季定植后砧木要剪留 30 厘米左右,上冻前埋土防寒时要将苗木全部埋严。

④第二年春季土壤解冻后要及时撤除防寒土堆,及时剪砧。嫁接时绑缚接芽的塑料条没解下的要及时解除。

⑤苗木发芽后要定期抹除砧木上发出的萌蘖,集中营养供接芽生长。

⑥在有象鼻虫、金龟子等害虫危害的地区要及时用药防治,保持新生枝和叶片不受害虫危害,迅速生长。

⑦及时撤棚,防止日灼。采用"小拱棚"定植的园片在金龟子危害期过后,一般在高温到来之前 15～20 天,在棚上打 10～15 个通风孔(可用烟头烫孔),孔直径约 1 厘米。在 5 月上旬新梢长至棚顶时可将小拱棚撤除。

⑧接芽长成的新梢一般高度达 30 厘米以上时要及时支立柱进行绑缚,防止大风刮折。

11. 梨园建设如何选择栽植密度?

梨树栽植密度因不同的品种、砧木、气候、土壤及栽培方式而不同。一般来说,短枝形品种或矮化中间砧苗木,宜密植;而普通长枝形品种和乔化砧苗木应适当稀植;疏散分层形及棚架栽培方式的果园宜适当稀植,"Y"形整枝的果园应密植;地势平坦、土层深厚肥沃、气候温暖、雨量充足的地区适当稀植;反之,丘陵山地、土层较薄、土壤贫瘠、干旱缺水的地区则应密植。为迅速收获产量,产生效益,现在梨树生产中多采用适当密植栽培,一般掌握以下密度:棚架栽培果园,栽植密度一般为株行距 4 米×4 米或 5 米×5 米,郁闭以后可以间伐;纺锤形、单层高位开心形等栽植密度株行距一般为 2 米×5 米或 3 米×5 米;"Y"形整枝的果园栽植密度株行距一般为 2 米×4 米;疏散分层形树形现在生产中用得较少,多为以前的老梨园有的还在采用,疏散分层形树形栽植密度株行距一般为 4 米×6 米或 5 米×7 米。

12. 梨园建设如何选择栽植方式？

在确定好栽植密度的前提下，结合经济利用土地，合理利用光能，便于机械化管理，要选择合适的栽培方式。根据不同的立地条件和树形，梨园建设常用的栽培方式有以下几种：

(1)正方形定植 该方式株距和行距相等，利于梨树枝条上架。常见的株行距有 4 米×4 米(计划密植)、5 米×5 米、6 米×6 米。它的优点是通风透光良好，操作管理方便，有利于提高果实的品质。不搭架的果园不宜采取这种方式。

(2)长方形栽植 长方形栽植是我国目前主要采用的栽植方式，其特点是行距大于株距，通风透光良好，行距较大便于机械化操作，日常管理和采摘均比较方便。例如单层高位开心形、纺锤形、"Y"形栽培都可采用这一栽培方式。现生产中多采用 2 米×5 米、3 米×5 米等株行距的定植方式。

(3)等高栽植 山地丘陵区栽培梨树，应根据其特有的地形、地貌进行等高栽植，便于机械耕作和灌排水，不必过分拘泥株行距的要求。根据山地丘陵区土壤厚度和肥力状况，以成龄树行株间留 1 米左右空间即可。

13. 梨树定植如何挖定植穴或定植沟？

梨树栽植前首先根据建园品种搭配画出定植图，根据不同的栽植密度，确定行线和株线，每两条线的交叉点即为定植点，确定定植点后做好标记，以保证定植后树体栽植整齐，横、竖、斜都成行。

稀植梨园因栽植株数少，密度小，可挖定植穴；密植梨园因栽植株数较多，密度大，可挖定植沟。定植穴一般要求 0.8～1.0 米见方；定植沟一般要求深、宽各 0.8 米左右。挖掘时间，最好选择秋季进行，挖掘时表土与底土分开放置，这样使底土经过一个冬季的晾晒和熟化,土质变疏松,通透性增强,施入有机肥以后,基本能够满足苗木生长的需要。春季回填时,先在穴(沟)内填一层20厘米厚的碎秸秆、杂草等有机物,再填表土,然后填底土,距地表30厘米左右时,用余土与充分腐熟的有机肥混匀后填到上面,所有的余土都堆到穴(沟)上,并灌水沉实,以备栽植梨苗。这些工作需提前1个月完成,以防止定植后地面下沉,使苗木栽植过深,影响正常的生长和发育。如选择秋季栽植,可在秋季栽植前5~7天回填,方法同上,回填后灌水沉实备用。有条件的可采用挖掘机挖穴或开沟,可极大提高工作效率。

14. 梨树如何定植?

根据各地的气候特点,梨苗定植可分为春季定植和秋季定植。

(1)春季定植 北方地区由于冬季气温低,秋季栽培易冻死梨苗或造成抽条,可采用春季栽植。春栽根据气温状况一般在3月中下旬至4月上旬进行,最好随起苗随定植,保证梨苗不失水,根系恢复生长快,可以大大提高成活率,缩短缓苗期。具体操作是:在提前灌水沉实的定植穴(沟)内,再挖30~40厘米深的坑,然后将浸泡蘸好泥浆的苗木放入坑中,按定植点位置对齐行向、株向,使根系舒展,填土埋严根系后,将苗木向上轻轻提一下,再用土填满、踏实。注意定植时一定要保持行是行,垄是垄,植株对齐。栽后立即灌水,及时培土扶正苗木,使苗木定植深度与苗圃深度相同。3天后检查苗木定植情况,再次培土裂缝,扶正苗木。干旱地区在树盘内覆盖地膜,有利于保墒、提高地温,提高成活率。有灌溉条件的地区,10天后再灌1次水,然后覆膜。

(2)秋季定植 冬季气温相对较高的地区,如河北省中南部地区,既可春栽,也可秋栽,而且秋栽效果好于春栽。秋栽的优点是栽植时还未进入冬季,地温相对还较高,入冬前一段时间挖苗时造成的断根可恢复生长,有利于断根的愈合,且可少量长出新根,这样翌年春季梨苗根系可快速恢复生长,及时吸收水分和养分,使梨苗发芽早生长快,缩短缓苗期。秋栽一般在苗木落叶后到土壤结冻前 20～30 天内进行,方法同春栽,定植后立即灌水,并及时覆盖地膜或秸秆、杂草等。

15. 梨苗定植后如何管理?

(1)定干 梨园栽植后即可定干。定干高度因栽培方式和密度不同而不同,栽植密度小的定干高度要低一些,如一般疏散分层形定干高度为 80 厘米;反之,栽植密度大的定干高度要高一些,如单层高位开心形定干高度 100 厘米。棚架栽培一般也在 100 厘米左右。"Y"形栽培方式,定干略低一些,在 70 厘米左右。定干时剪口下要有 6～8 个饱满芽,便于整形,距地面 40 厘米以下的枝芽要全部剪除。

(2)查苗补苗 发芽后及时检查成活率,对已经死亡的植株,及时补植并灌水、覆膜,以利成活。

(3)加强肥水管理 新梢长出 10 厘米左右时,追施一次速效性氮肥,如每株施尿素 10～20 克。进入 9 月份,应控制施肥和灌水,或喷布生长抑制剂,控制生长,使植株及时停长,充分木质化,有利于越冬。

(4)病虫害防治 苗木生长季节,经常会受到各种病虫害的侵袭,及时发现,及时防治,以利于苗木正常生长和整形。春季害虫对嫩芽危害十分猖獗,主要有苹毛金龟子、黑绒金龟子、梨茎蜂、梨蚜等,要及时防治。同时,北方春季干旱多风,严重影响新植树的成活率。可通过套塑料袋,保持袋内一定的温度和湿度,避免苗木抽干,而且发芽快,成活率高,同时可防止金龟子、梨茎蜂的危害。具体操作是,用自制的长 100 厘米、宽 10 厘米左右的塑料筒,套在植株上,底部压实。待芽体萌发后分步除袋,即按芽体萌发的顺序逐个破洞,在新梢长出 3 厘米左右时,选择阴天或傍晚一次性除袋。

(5)**越冬防寒** 定植后 1~3 年生的幼树,经常发生抽条、根颈冻害或日灼等,越冬前应该采取防寒措施,如绑草把、压倒埋土防寒、树干涂白、地膜或秸秆杂草覆盖、喷防冻液等防冻措施,各地视具体情况而定,以使梨树安全越冬。

三、梨树土肥水管理

(一)关键技术

1. 梨树生长发育过程中需要哪些矿质营养?

梨树生长发育过程中需要通过根系从土壤中吸收水分和多种矿质营养才能正常生长和结果。各种矿质营养中以氮、磷、钾用量最大,称为"三要素"。另外,还需要一些用量虽小但却不可缺少的元素,如钙、镁、铁、锌、硼、锰等,通常称为"微量元素"。各种矿质营养一旦缺乏,梨树就不能正常生长发育,出现各种各样的症状,如黄叶、小叶、果实个小、果面不平等。虽然土壤中含有一定数量的矿质营养,但其中大部分被土壤所固定,根系不能吸收利用,所以仅依靠土壤中的营养供梨树吸收利用是远远不够的,这就需要根据梨树生长和结果的需肥特点及时施用氮、磷、钾及各种微量元素肥料,以保证梨树正常生长所需的各种营养,才能实现连年丰产、稳产。

2. 梨树所需常见矿质营养各有什么作用?

梨树常见的矿质营养主要是"三要素"氮、磷、钾,以及钙、镁、铁、锌、硼等微量元素。

氮的作用是加强营养生长,提高树体光合作用,增加氮的同化和蛋白质的形成。

磷的作用主要是增强细胞活力,促进组织成熟,提高抗寒、抗旱能力,促进新根生长有发育,有利于花芽分化和提高果品质量。

钾的作用主要是促进养分运输、果实膨大、糖类转化、组织成熟、加粗生长等,同时也可提高树体抗性。

钙参与细胞壁的形成,保证植物细胞正常分裂,促进原生质的发展增大,提高抗性。中和新陈代谢过程中产生的草酸等物质,避免产生毒害。

镁是叶绿素的组成部分,并参与部分磷化物的生物合成,促进磷的吸收同化。

铁与叶绿素的形成有关,影响叶片的光合作用。

锌与树体生长激素内吲哚乙酸形成有关,影响激素代谢。

硼主要参与细胞的分裂、细胞壁内果胶形成及糖类的运输等。

3. 梨树缺素症如何进行目测诊断?

梨树所需的某种矿质营养缺乏时,就会使树体的枝、叶、花、果等器官表现一定的症状,产生生理性病害。生产中可以通过某种症状进行诊断,以确定梨树缺乏哪种元素,以指导生产。

氮肥缺乏时植株生长弱、枝条细弱,节间短;叶片小而薄,色浅;落花落果严重,果实个小。严重缺乏时生长停止,叶片变黄,早期落叶。

磷肥缺乏时新梢和根系发育受阻,枝条萌芽率低,叶片呈紫红色,叶边缘出现半月形的坏死斑,引起早期落叶。花芽发育不良,果实含糖量降低、品质下降,抗性减弱。

钾缺乏时果实个小,质量下降,落叶延迟,抗性减弱。严重时老叶边缘呈上卷的枯斑。

钙缺乏时新生根粗短,弯曲,根尖容易死亡,叶面积减小,果实贮藏容易黑心,果肉变褐。近年黄冠梨等品种上出现的"鸡爪病"也与果实钙缺乏有关。

镁缺乏时植株生长变慢,果实生长缓慢,基部叶片叶脉间出现黄绿色至黄白色斑点,逐渐变成褐色斑块,影响光合作用,严重时叶片脱落。

铁缺乏时叶片小而薄,叶脉间变黄以至黄白色,新梢顶部叶片最先出现症状,严重时边缘出现褐色坏死斑,也就是常说的黄叶病。

锌缺乏时新梢变细,节间短,叶片小而窄,密集丛生,严重时从新梢基部向上逐渐落叶,也就是常说的小叶病。花朵小,色淡,坐果率低,果实个小。

硼缺乏时叶片厚而脆,枝条容易形成枯梢,树皮溃疡,花早期萎缩,果实木栓化,果面凹凸不平,即常说的疙瘩梨。

4. 梨树为什么要及时灌水或排水?

一般认为,梨树的抗旱能力比苹果、桃等果树要强,但这只表明梨树对干旱的耐受能力比较强,若要实现优质丰产,则必须满足梨对水分的要求。因梨果实中 80%～90% 是水分,枝、根等器官的含水量也在 50% 左右,叶片含水量可达 60%,同时树体叶片每天的蒸腾作用也需要大量水分。另外,梨树的营养运输、养分转化、光合作用、生长发育等一系列生命活动都必须有水分的参加。梨树生长的发芽开花期、果实速长期等对水分的需求更是不能缺少,所以及时、合理的灌水是梨树获得优质丰产高效益的基本保证。

水分不足影响梨树正常生长,但如水分过多对梨树的生长同样有害。如果梨园长期积水,会造成梨树根系呼吸作用受到抑制,甚至出现无氧呼吸,不能正常吸收、运输各种养分,造成梨树树叶发黄、光合作用减弱,严重的引起落叶和落果,甚至引起根系生长衰弱以至造成树体死亡。水分过大还造成树体抗性减弱,容易诱发病虫害的发生。所以,在建园时,在建设好良好的灌水系统的同时,也必须建立排水系统,尤其是易涝的低洼地、黏土地,更应该注意排水系统的建设,以便发生涝害时及时将积水排出梨园外。

5. 不同经济年龄时期的梨树对水分的需求有何不同？

梨树成形期的主要任务是培养树形,此时少量成花结果,这就要为梨树生长创造水分条件。前期(萌芽至新梢停止生长期)要满足水分供应,使新梢叶片旺盛生长;中期(新梢停长至 9 月上中旬),要控制浇水,一般年份此时已进入雨季,如降雨过大应该注意排水,以使芽体发育充实;后期(采收后至落叶前),还应该供足水分,增加树体营养积累。

压冠期的主要任务是在健壮生长的基础上成花结果。在新梢叶片旺盛生长期要供足水分。形成花芽前(5 月下旬至 7 月上旬)要适当控水,抑制新梢生长,促进花芽的形成。果实速长期(7 月中采收前)直至落叶前,都要满足梨树水分要求,以增大梨果及营养积累。但在采收前 15～20 天要适当控水以提高梨果品质。

丰产期与压冠期需水特点比较接近,只是后者由于结果较多,生长势逐渐减弱,控水期要相应缩短。于 5 月中下旬至 6 月中下旬进行控水。如结果很多时,则不需要控水,只要供足成花所需要的营养,也可形成花芽。

控水期灌水量可掌握在按土壤最大田间持水量的 40%～60% 进行灌水。大量需水期应该使土壤含水量达到最大持水量的60%～80% 为标准。

梨园灌水要根据具体情况灵活掌握,不可千篇一律。在水源缺乏的干旱地区,梨树长期处于干旱状态,要视旱情随时灌水。

(二) 疑难问题

1. 梨园如何进行土壤改良和深翻熟化？

梨园深翻的最佳时期是在果实采收后至落叶前，结合秋施基肥进行，深翻后及时灌水。首先应根据各地管理水平、土壤质地、土层厚度、砧木的种类等综合考虑深翻深度。土层深厚、质地较黏重时宜深翻，沙质土宜浅翻；无灌溉条件的宜深，有灌溉条件的可浅一些；乔砧如杜梨宜深，矮化砧宜浅；地下水位低的宜深，地下水位高的宜浅，一般深度掌握在 60～80 厘米为宜。

深翻的方法很多，具体采用哪些方法，各地根据自己的实际情况而定。果园面积较小又无机械时，可用人工方法；如果园面积较大，劳力又不足时，尽量选用机械耕翻，效率可提高很多倍。机械耕翻最好在幼树期完成，以少伤根系和枝条。

(1) 环状沟深翻 即围绕定植坑挖坑逐年向外扩展的方法。此法主要是人工挖沟，较费工，适用于面积较小的果园。

(2) 行间深翻 最好应用机械操作，具体方法是，用大马力的拖拉机，挂上双铧犁放到最深，来回耕翻，注意是向两边扣，将行间耕完一遍后，用铁锹将土清到两边；然后再继续耕翻，连耕 3 次，基本可以达到需要的深度。回填时将已准备好的有机肥或杂草、秸秆分层填入沟内，先填表土，后填底土。有条件的可施入一些化肥，如过磷酸钙、磷酸二铵等。

(3) 隔行或隔株深翻 即每年隔一行或隔一株进行土壤深翻的方法，山地、丘陵、平原均可采用此法。隔行深翻与行间深翻具体操作方法一致，也可采用机械化作业，隔株深翻只能用人工方法进行。这一方法的特点是，完成一次深翻需 2 年时间，每年只伤害一侧的根系，对果树的生长和发育影响较小。

(4) 全园深翻 即将定植穴以外的土壤一次深翻完毕。这种方法一次需要劳力较多,但深翻后便于土壤耕作和管理,有利于梨树的迅速生长,提早完成树体建设。有条件的也可运用机械作业。

2. 梨园如何进行合理间作?

梨树幼树期,占地面积小,行间可种植一些矮秆作物,进行合理间作,如小麦、花生、大豆等。这样,既可以增加果园收入,经济利用土地,同时作物覆盖地面,还可以降低土壤风蚀,减少杂草的危害。

(1) 间作时期 间作一般在树体定植后 3~5 年内,因一般 5 年后梨树基本成形,超过 5 年再间作将影响梨树正常生长。间作时在果树行间种植一些矮秆作物。具体时间长短又要依据栽植的密度、植株生长得快慢、肥水管理条件而定。原则上如间作物影响梨树生长时就要及时停止间作。

(2) 间作方式 一般间作植株周围都要留出一定的清耕带,清耕带的宽度随着树体的增大而增大。1~3 年时留 1 米左右,3~5 年留 1~1.5 米。有条件的清耕带内也可种植绿肥,定期收割覆盖到树盘内,增加梨园有机质含量。

(3) 间作物种类 梨园间作必须选择合适的间作物。合适间作物应具备以下几个特点:生长期较短,植株矮小,吸收肥水少,需肥水的临界时期与梨树错开,并且与梨树没有共同的病虫害;此外,还应该根据当地的实际情况选择经济价值较高、能够提高土壤肥力、改善土壤结构的作物。例如,平原沙地梨园,以选择西瓜、花生、豆类、薯类较好;山薄地以选择耐瘠薄的谷子、豆类、药材、油菜、绿肥为主;肥水条件较好的果园可选择麦类、蔬菜、草莓、豆类等。

3. 梨园如何进行清耕?

梨园清耕即深耕后及时进行中耕除草,做到梨园周年土壤疏松、地上部无杂草的土壤管理方法。梨园清耕可以人工进行,有条件的也可采用机械翻耕作业。清耕法是我国传统的土壤管理方法,其优点是梨园土壤疏松、透气性好,促进土壤微生物活动,加速有机质分解,同时调节土壤温湿度,节省水分和养分。由于经常保持梨园内无杂草,梨园内通风透光良好,病虫害减少。缺点是长期采用此种土壤管理法,容易造成土壤有机质降低,土壤容易板结,表土易流失。该种土壤管理方法适用于黏重土壤及壤土且有机质含量较高的梨园。由于清耕法缺点与优点均较明显,生产实际中清耕法与其他梨园土壤管理方法相结合进行,效果更好。

4. 梨园如何进行覆盖?

梨园覆盖即利用植物的秸秆、杂草等有机物或塑料地膜、园艺地布等覆盖树盘,有防止水分蒸发、减少地表径流,调节土壤温湿度,增加土壤有机质,抑制杂草萌生等作用。

(1)覆盖时间 覆盖时间一般根据覆盖材料种类而确定。覆膜通常在早春或晚秋进行;覆草除早春和深冬以外一年四季都可进行,因为早春覆草会抑制地温的回升,深冬覆草会延长冻土期,对根系的生长均不利。

(2)覆膜 随地形和树龄而定,新栽的幼树一般覆盖 1 米² 左右,栽植后立即灌水,水渗后 2~3 天内,将苗木扶正,填一层松土,然后将地膜中间戳一小洞,套过新定植的苗木,铺于树盘内,四周压实。形成一个中间低、四周高的浅盘状树盘,这样能够将自然降水汇集于树干周围,渗入土壤;通过覆膜,减轻杂草滋生,减少除草用工;且苗木成活率可有显著提高,干旱的山区梨园效果更明显。

(3)覆草 一般是将树盘四周用秸秆覆盖,厚度 15~20 厘米

(秋、冬季适当厚一些,达到 30 厘米左右)。通过覆草,秸秆腐烂后,可以大大提高土壤的有机质,改善土壤的理化性质。据试验,连续覆盖秸秆 3~4 年,土壤表层的有机质含量可提高 1%~2%,对培肥地力作用很大。覆草可有效地调节地温,减小温度变幅,使夏季中午地温不至过高,影响根系的生长;冬季也可防止土壤冻结,使根处于相对活跃状态,延长根系的生长时间,也可防止植株受冻害及日灼。同时,还可防止滋生杂草,大大减少除草用工。

(4) 地布覆盖 园艺地布覆盖是近几年新兴的一项果园土壤管理方式,具有一次投资、多年受益的特点,一般可连续应用 3~5 年。地布覆盖不仅控制杂草,而且减少了土壤水分蒸发,提高了土壤湿度。园艺地布控制杂草显示出巨大优势,还可以避免雨水对土壤的直接冲刷,减少水土流失,保护生态环境。目前一般采用树盘铺设地布的方式,一般于春季铺设于梨树树盘四周用土盖严。有条件的梨园也可以进行全园地布覆盖,据研究地布树盘覆盖投资为人工除草的 23%,地布整地覆盖投资为人工除草的 47%。

梨园覆盖应注意的问题:一是覆膜前应喷布 1 次除草剂,防止杂草丛生。二是新植幼树覆膜时,靠近主干处挖孔应大些,防止灼伤树干。三是覆草后防火是必须时刻注意的问题,以免造成不必要的损失。

5. 梨园如何进行生草?

梨园生草是近年来许多国家推广的果园土壤管理新技术,是人为地在果园行间种植适宜草类,并定期收割,覆盖于树盘内的方法。生草的作用主要是增加土壤有机质,改善土壤的理化性质;防风固沙,防止水土流失;调节表土温度,促进根系的生长与吸收作用;抑制杂草生长,减少除草、耕翻的用工成本;增加害虫天敌的数量;最终改善果实品质。

(1) 生草的种类 一般应选用生长迅速、植株较矮小,与梨树争水争肥矛盾小,不易感染病虫害或与梨树没有共同病虫害的草类。北方梨园常用的草种有:苜蓿、三叶草、毛叶苕子、箭笤豌豆等。

(2)生草的方法 在梨树行间种植1年生或多年生草,即绿肥,并给草施肥灌水,既增加草的产量,又缓解草、树争肥水的矛盾。当草长到40厘米高时,用割草机把草刈割,铺于树盘内作为绿肥。每年可收割4～5次。这些覆盖物容易腐烂,养分含量较高且全面,比施入有机肥效果更好。

(3)注意问题 一是选择草种时应尽量避免选择与梨树有争水、争肥矛盾的品种。二是选择不易感染病虫害或与梨树没有共同病虫害的草类。三是生草4～6年后,逐渐老化,产量降低,要及时更新。四是生草也要进行施肥和灌水,及时防治病虫害,并按时刈割作为绿肥。

6. 梨树不同经济年龄时期基肥施肥量如何掌握?

由于基肥种类多,质量不一,养分含量变化大,所以很难确定准确的施用量。有条件的可采用配方施肥,提前测定各种肥料养分含量,测量土壤中各种主要养分含量,计算出需施用的肥料数量。由于条件所限,生产中一般还是以经验施肥为主。现以含氮量0.5%、含磷量0.25%、含钾量0.5%的一般厩肥为例,根据土壤肥力状况,不同经济年龄时期的梨树如何施基肥。

成形期的梨树如定植时已施用基肥,在一般条件下可不用施用基肥。如果土壤肥力较差,需进行土壤改良,当树冠达定植穴大小时,可挖沙扩穴进行换土施肥,每667米^{2}可施厩肥3～5米^3。

压冠期梨树一般土壤应开始施用基肥。如果土壤较肥沃,开始施基肥的时间可推迟至开始大量结果后。一般每667米^{2}施厩肥3～5米^3。

进入丰产期后,梨园土壤中的养分含量由于梨树前期的吸收利用开始逐年减少,尤其是树冠布满全园后,土壤养分含量明显降低,因此更应该重视基肥施用,一般每年每 667 米² 施厩肥 5 米³ 左右。

基础肥施用量的多少对梨果的产量和品质都有直接的影响。施肥标准可大致参照生产 100 千克梨果需要纯氮 0.5 千克、纯磷 1.5 千克、纯钾 1.0 千克计算,当基肥施用量占总肥量的 50% 时,每 667 米² 产 3 000 千克的梨园基肥施用量不少于 3 米³。同时,还要适量补充各种化肥和微量元素,以平衡营养。

7. 无公害梨园常用、允许、禁止使用的肥料有哪些?

(1)无公害梨园常用肥料

①有机肥 常用的有机肥包括绿肥、作物秸秆与杂草、农家堆肥、沤肥、厩肥、沼气肥、充分腐熟的人畜粪尿、各种饼肥、腐殖酸类肥料、微生物肥料、生物钾肥。

②微生物肥料 主要包括微生物制剂和微生物处理肥料等。

③化肥 包括氮肥、磷肥、钾肥、硫肥、钙肥、镁肥及复(混)合肥等。

④叶面肥 包括大量元素类、微量元素类、氨基酸类、腐殖酸类肥料。

无公害梨园施肥应该根据梨树的生长发育规律和需肥临界期进行,适时、适量地施入有机肥或化肥。果园施肥应以有机肥为主,保持或增加土壤肥力及土壤微生物活性。提倡根据土壤分析和叶分析进行配方施肥和平衡施肥。

(2)允许使用的肥料种类 无公害果品生产过程中允许使用的肥料包括农家肥料、商品肥料和其他允许使用的肥料。农家肥料按农业行业标准《绿色食品 肥料使用准则》中规定执行,包括堆肥、沤肥、厩肥、沼气肥、绿肥、作物秸秆肥、泥肥、饼肥等。商品肥料包括商品有机肥、腐殖酸类肥、微生物肥、有机复合肥、无机(矿质)肥、叶面肥等。其他允许使用的肥料包括由不含有毒物质的食品、鱼渣、牛羊毛废料、骨粉、氨基酸残渣、骨胶废渣、家禽家畜加工废料、糖厂废料等有机物制成的,经农业部登记或备案允许使用的肥料。

(3)禁止使用的肥料 无公害果品生产中,禁止使用以下肥料:未经无害化处理的城市垃圾和含有金属、橡胶及有害物质的垃圾;硝态氮肥和未腐熟的人粪尿;未经获准登记的肥料产品。

8. 梨园如何施基肥?

首先基肥应该以腐熟的农家肥为主,如基肥没经腐熟将会造成对梨根系的伤害,且肥效较慢。常用基肥有鸡粪、圈粪、牛羊粪等。可适量加入少量速效氮肥,能促进基肥的快速转化和吸收。

施基肥时间以秋季最好,一般在果实采收后即可尽早施入。此时正是梨树根系第二次或第三次生长高峰,伤口容易愈合;地上部生长基本停止,树体以养分积累为主,有利于第二年萌芽开花和新梢早期生长;有机物腐烂分解时间较长,翌年春可及时供根系吸收利用;秋施基肥还具有保墒,提高地温,防止根际受冻等作用。春季施基肥,有机物分解腐烂时间短,肥效发挥较慢,不能及时满足春季梨树生长发育的需要,到后期肥效充分发挥以后又易导致新梢的旺长,影响花芽分化和果实的发育。因此,生产上以秋施基肥为好。如秋季确实没来得及施入基肥的梨园,应在春季土壤解冻后及早补施。一般早中熟品种如黄冠梨从9月下旬即可施入基肥,晚熟品种如鸭梨从10月中旬施入基肥。

基肥的施入方法有条沟法、环状沟法、放射沟法等。条沟法一般在行间于树冠下挖50~60厘米深、40~50厘米宽的沟,挖沟时将表土与心土分开放置。回填时先将有机肥与表土充分混匀后施入沟内,然后再用心土填平,施肥后及时灌水沉实;环状沟法是在树冠下围绕树冠外围挖一环状施肥沟,挖沟深度、宽度及施肥方法同条沟法;放射沟法是于树冠下向四周挖几条放射状的条沟,然后同上施入基肥。生产实际中为保证树冠下肥料均匀,可采用以上几种施肥方法相结合的方式。如是沙土地土层较薄的地块也可地面撒施然后再翻入地下。

9. 梨园如何追肥?

追肥是梨树健壮生长、丰产、稳产、优质的重要措施,是必不可少的管理环节。因仅依靠田间梨园土壤中自然养分和部分基肥是不能满足梨树正常生长对多种养分的需求的。应根据梨树需肥关键期及时进行追肥,追肥的时间和次数与当地的气候、土壤条件及树龄等有关系。一般幼树追肥次数宜少,成龄树宜多。

目前,生产上进入结果盛期的树一般每年追肥 4 次为好。第一次为萌芽后开花前,此期为梨树萌芽、开花、坐果、新梢及叶片生长期,需消耗大量养分,仅靠树体储存养分是不够的,需及时补充营养。此期施肥以氮肥为主;第二次和第三次分别在花芽分化前期和果实迅速膨大期,为了满足梨树花芽形成和果实生长膨大需要,施肥以磷、钾肥为主,氮、磷、钾混合使用。此期施肥对当年梨园产量和品质有重要意义,同时花芽发育良好,为下一年度优质丰产打下基础;第四次在采收后至落叶前,为营养储藏期,以钾肥为主,主要是促进枝条发育充实,提高树体储藏营养。施肥量应以当地的土壤条件和施肥特点确定。一般梨园如按生产 2 500 千克梨计算,全年大致需碳酸氢铵 100～125 千克,硫酸钾 40～50 千克,磷酸二铵 40～50 千克或过磷酸钙 100～150 千克。具体可根据当地管理水平和土壤肥力水平灵活掌握。

施肥方法是在树冠下开环状沟或放射状沟或在树冠下每 50 厘米挖小穴施肥,沟或穴深 20～30 厘米,追肥后及时填平灌水。

采用地面撒施后再灌水的方法容易造成养分挥发或流失,影响追肥效果。

10. 梨园如何叶面追肥?

叶面追肥即在梨树生长季节,直接将稀释的肥料溶液喷布到叶片上的施肥方法。一般全年喷施 4～5 次,间隔期 10～15 天。一般在花芽形态分化前、果实膨大期和采收后进行叶面追肥。生长前期 2～3 次,以氮肥为主;后期 2～3 次,以磷、钾肥为主。也可根据树体情况喷施生长发育所需的微量元素肥料,详见表 6。叶面喷施宜避开高温时间,以喷叶片背面为主。

表 6　叶面喷肥常用肥料与浓度

肥料种类		使用浓度(%)	缺素症状
氮　肥	尿　素	0.3～0.5	叶片小而薄,甚至变黄,落花落果严重
	硫酸铵	0.1～0.3	
磷　肥	过磷酸钙	1.0～3.0	叶色暗绿或灰绿,植株生长发育迟缓,矮小,落花落果严重
钾　肥	氯化钾	0.3～0.5	下部叶片叶缘和叶尖首先枯焦,逐渐向上发展,果实小,含糖量低
	硫酸钾	0.5～1.0	
	草木灰	2.0～6.0	
复合肥	磷酸铵	0.3～0.5	叶片小而薄,叶色灰绿,果实小,含糖量低
	磷酸二氢钾	0.2～0.3	
微量元素	硼　砂	0.2～0.5	小枝顶端易枯死,易裂果并有疙瘩,石细胞多
	硼　酸	0.1～0.5	
	硫酸亚铁	0.2～0.4	嫩叶叶脉间失绿,叶脉绿色,严重时变白、枯死,枝条细,发育不良
	硫酸锌	0.1～0.5	叶片变小、簇状,有杂色斑点
	硫酸铜	0.1～0.2	新梢生长点凋萎死亡,严重时枝条生长受阻,叶片小,不结果,树皮变粗糙

续表 6

肥料种类		使用浓度(%)	缺素症状
微量元素	钼酸铵	0.02~0.05	植株矮小,叶片失绿、枯萎以致枯死
	氯化钙	0.3~0.5	缺钙果实耐贮性下降
	硫酸猛	0.1~0.2	缺锰时,从叶缘开始,脉间轻微失绿
	硫酸镁	0.2~0.5	缺镁叶脉间斑纹状失绿,严重时枯死脱落

11. 梨园如何施绿肥?

为更好地解决梨园有机肥的应用问题,种植绿肥是解决有机肥源的一个好方法,对增加土壤有机质有一定作用,同时还可改善土壤理化性状,保水,改善梨园小气候。

梨园种植绿肥的种类一般可参考以下方法。如是在沙地梨园,土壤较贫瘠,可间作草木樨、苜蓿等;利用沙岗、空地播种沙打旺,种植紫穗槐等。土质较好的具有一定管理水平的梨园,可间作油菜,以化肥换有机肥,即施化肥促进油菜旺盛生长,再作绿肥施入梨园,油菜转化为有机肥。在粗放管理条件下,每 667 米² 油菜的根系鲜重可达 750 千克,折合干重 28 千克,秸秆干重 95 千克,产菜籽 112 千克(可出饼 78 千克)。根、秸、饼合计干重可达 201千克。每千克菜籽养分相当于 10 千克优质有机肥的含量。

绿肥的施入可采用两种方法。一种是直接耙碎翻入,如草木樨可在花期直接翻入土壤,使其在田间缓慢沤制转化为有机肥料;二是集中沤制施入,如油菜秸、紫穗槐木质化前割一茬集中沤肥后再施入梨园。

12. 梨园化肥如何配方施肥?

配方施肥可为梨树提供充足、适量的肥料,是保证树体健壮生长,提高产量和品质,不断增强地力,提高树体抗病虫能力的重要措施。同时,配方施肥可以提高肥料的利用率,提高经济效益。

(1)营养诊断　首先要对土壤、树体进行营养分析,判断是否缺乏营养元素,以及缺素的种类和数量,以便进行合理的施肥,从而保证施肥有针对性,因缺施肥。营养诊断的方法有两种,即叶分析法和土壤分析法。

(2)确定配方　配方的确定主要是根据梨树的需肥规律,梨树的产量、品质目标及梨树需肥的标准值,以及测定的结果、肥料的利用率进行分析计算得来的。施肥量的确定,主要依据果树需肥量、土壤养分含量和肥料利用率。施入土壤中的化肥,氮的利用率是50%,磷是30%,钾是40%。计算公式是:

施肥量＝(目标产量所需养分总量－土壤提供养分量)/肥料养分含量×肥料利用率

根据此公式计算各营养元素的需要量及比例,确定最佳的肥料配方。

(3)配方施肥　根据计算结果,选购合适的化肥进行配比使用。其中一部分随基肥施入,另一部分在生长季根据果树不同的需肥时期进行使用。现在我国有很多厂家开始生产果树专用肥,其中氮、磷、钾及微量元素都有不同的配比,可选择合适的肥料及用量进行施肥。如某些营养元素含量不足时,可购买单元肥料进行补充。

13. 梨园有机肥如何进行配方施肥?

不同的有机肥料种类,其中所含的各种营养元素的含量也不一样,常年施用单一的基肥,也会造成养分不均衡。所以,应该了解土壤性质,合理施用基肥。施基肥应该遵循碱性土壤施偏酸性有机肥,酸性土壤施偏碱性有机肥的原则,以改善土壤理化性状。如土壤普遍偏碱的果园,应多施用牛粪、腐殖酸类堆肥、醋糠等偏酸性有机肥,可以调节土壤 pH 值,改良土壤的理化性质,提高各营养元素的利用率。肥料不足的也可结合施基肥施入玉米秸、麦秸、杂草等肥料,最好将以上肥料进行粉碎施入,为保证这些肥料快速腐熟,可施入少量氮肥,如碳酸氢铵等。少量氮肥可促进土壤微生物活动,加快以上玉米秸等的分解、熟化。

14. 梨园灌水时期主要有哪些?

梨树在不同发育时期需水量不同,生产上应根据其发育特点和气候条件确定合理灌水时期。在萌芽期、新梢旺长期、果实膨大期需水量较大;花芽分化期需水量较小;后期为控制秋梢生长、增强枝条成熟度、提高果实含糖量,需控制水分供应;秋施基肥后灌足水,有利于肥料熟化分解,促进秋季根系生长和养分积累,提高越冬抗寒能力。梨园要求土壤水分经常保持在田间最大持水量的60%～80%为最好,50%以下即要灌水。特别是在开花坐果期、新梢旺盛生长期及叶幕大量形成期,不能缺水。生产上可根据物候期进行灌溉,一般要保证以下 3 次灌水。

(1)花前灌水 北方地区春季干旱少雨,水量不足常导致落花落果严重,影响幼果的发育。适量的灌水,有利于肥料的腐烂、溶解和吸收,对根系生长,芽的萌发,开花的速度及整齐度,坐果率及幼果大小等有明显的促进作用。

(2)幼果膨大期灌水 此期正值新梢旺盛生长和幼果迅速发育时期,需要大量的水分和养分,是梨树需水临界期。水分不足,不仅影响梨树对养分的吸收,抑制新梢生长,而且影响果实的发育,甚至导致大量落果,影响果实的产量和品质。另外,这一时期如果灌水不均衡,前期过于干旱,后期突然灌溉或降雨,果实迅速生长膨大,极易导致中、早熟品种大量裂果,丧失商品价值。

(3)封冻水 北方秋、冬季节通常干旱少雨,一般果实采收后开始秋施基肥,结合施肥应进行灌水,有利于粪肥的腐烂、熟化,同时促进根系的秋季生长和叶片的光合作用,增加储藏养分,提高越冬能力。另外封冻水也能减轻一些虫害越冬的基数,减少翌年虫害的发生。

对于一些干旱的园区,除了保证以上 3 次灌水外,梨园管理中出现旱情后要根据具体情况及时进行灌水。

15. 梨园灌水量如何确定?

梨树是需水较高的果树,果实中 80% 以上是水分。北方干旱梨区,干旱是主要矛盾之一,特别要注意灌水、保墒工作,灌水的次数及灌水量应适当多些。同时,也要根据当年的天气条件进行协调。

据研究,梨树每产 3 000 千克果实,年需水量 480 米^3 之多,而且全年分布要合理,如果前期土壤水分不足,影响果实的细胞分裂基数,果实细胞分裂基数小,则将来不具备果实长成大型果的基础;如果实速长期水分不足,影响果实膨大,造成果实个小、产量低。

生产中最适宜的灌水量,应在一次灌溉中,使梨树根系分布范围内的土壤湿度达到最有利于果树生长发育的程度,保证梨园土壤水分经常保持在田间最大持水量的 60%~80%。灌水太少,达不到灌溉深度要求,只能湿润上层土壤,反复多次少量灌水,会造成土壤板结;灌水太多,又容易造成水分的渗漏,养分的淋失,白白浪费了水资源。一般一次灌溉湿润深度应能达到 100 厘米左右为好。理论需水量的计算:

灌水量＝灌溉面积×土壤浸润深度×土壤容重×(田间持水量－灌溉前土壤含水量)

一般常规梨园单次每 667 米^{2}灌水量为 40~60 米^3。

16. 梨园如何进行沟灌？

梨园的大水漫灌不仅浪费大量的水资源，还造成土壤养分的大量淋失。随着科学技术的发展和与国外技术交流的增加，果树的灌溉方式也发生了很大变化。近几年主要发展的灌溉方式有沟灌、喷灌、滴灌、管道灌溉、渗灌、小管出流等节水灌溉技术。

沟灌是在梨园行间开灌溉沟，深20～25厘米，长度可根据地形、梨园面积的大小而定。灌溉沟的数目，可根据栽植密度和土壤类型而定，密植园一般每行开一条沟即可，稀植园每隔100～150厘米（黏质土）开一道沟，壤土或沙壤土每隔75～100厘米开一条沟。灌溉完毕，将沟填平。

沟灌的优点：灌溉水经沟底或沟壁渗入梨树根系附近的土壤，湿润比较均匀，且较大水漫灌用水量少；防止土壤板结；土壤通气良好，有利于土壤微生物的活动，对根系的生长极为有利，也便于机械作业。

17. 梨园如何进行喷灌？

喷灌即将水喷到空中，呈细小的水珠再落到树体或地面上的灌溉方式。

喷灌的优点：这种方法不受地形的限制，可控制喷水量和均匀性，基本上不产生渗漏和地面径流所引起的土、肥、水流失现象，保持土壤肥力。也不破坏肥沃的表土层，不易造成土壤板结。同时，具有调节果园小气候的功能，避免低温、强光、干热对梨树造成的危害，尤其是北方干旱少雨地区，还可以减少梨日灼的发生（日、韩梨在北方夏季叶片和果实易受日灼）。春季霜前喷水，可使地面以上2.5米以内的气温保持在0℃以上，较不喷水的果园提高2℃左右，可以有效地防止晚霜的危害。

研究证明，此方法较大水漫灌节约水量30%～50%；对渗漏性强、保水差的沙地果园,可节约用水 60%～70%。另外,还具有省时省工,可兼具喷药、喷肥和喷植物生长调节剂等功能的优点。

使用喷灌应该注意以下几点:一是风力较大时应停止使用喷灌,否则喷水不均匀,造成浪费;二是喷灌时空气湿度增大,易加重一些品种感染如白粉病等病害的机会,要注意防治。

18. 梨园如何进行滴灌?

滴灌是以细小的水滴或水流缓慢的注入根系周围的灌水方法。主要应用于干旱少雨,水源不足的地区。

滴灌具有比喷灌更节约水分、适用地域广、省工省力、不易造成土壤板结等优点。但是滴灌对水质、管道要求比较严格,否则容易导致喷头和管道堵塞;而且滴灌设备投资较大,铺设管道工程也较大,要求管道质量要好,要深埋于冬季冻土层以下,防止冻坏管道,一般要求埋入 1 米以下深度。地上部距离地面一般 0.5 米左右,出水处间隔根据梨树种植密度而不同,一般 0.5～1 米留一滴灌口。冬季为防止冻坏管道,入冬前要将管道中水放掉。

19. 梨园如何进行小管出流灌溉?

生产中针对滴灌灌水器易被堵塞的难题,现已研制出小管出流灌溉系统。其采用超大流道,以 φ4 聚乙烯塑料小管代替滴头,并辅以田间渗水沟,形成一套以小管出流灌溉为主体的微灌系统。小管出流灌溉系统具有下列特点:

(1) 堵塞问题小,水质净化处理简单 小管出流灌水器的流道直径比滴灌灌水器的流道或孔口的直径大得多,而且采用大流量出流,解决了滴灌系统灌水器易于堵塞的难题。因此,一般只要在系统首部安装 60～80 目的筛网式过滤器就足够了(滴灌系统的过滤器的过滤介质则需要 120～200 目)。如果利用水质良好的井水灌溉也可以不安装过滤器。同时,由于过滤器的网眼大、水头损失小,既节省能量消耗,又可延长冲洗周期。

(2)施肥方便 果树施肥时,可将化肥液注入管道内随灌溉水进入作物根区土壤中,也可把肥料均匀地撒于渗沟内溶解,随水进入土壤。特别是施有机肥时,可将各种有机肥埋入渗水沟下的土壤中,在适宜的水、热、气条件下熟化,充分发挥肥效,解决了滴灌不能施有机肥的问题。

(3)省水 小管出流灌溉是一种局部灌溉技术,只湿润渗水沟两侧果树根系活动层的部分土壤,水的利用率高,而且是管网输配水,没有渗漏损失。可比地面灌溉节约用水60%以上。

(4)适应性强 操作简单,管理方便,对各种地形、土壤梨园均可适用。

20. 梨园如何进行管道灌溉?

管道灌溉是近年来应用比较多的一种灌溉方法。即从机井上将主管道埋入地下,延伸至果园的田间地头,再用支管道延伸至果树行间进行灌溉的方法。灌水时只需依次打开各个支管道的开关,由各个支管道出水灌向梨园间,节水效果明显。这种方法比喷灌和滴灌投入要低得多,技术含量低,简便易行,容易被群众接受,近年来果园应用比较多。

同时,管道灌溉与露渠灌溉相比,效率高,耗能低,减少耗水量,而且受地形的影响小,平原、山地、丘陵区均可应用。

管道灌溉设备要求管道质量要好,要深埋于冬季冻土层以下,防止冻坏管道,一般要求埋入深度1米以下。地上部距离地面一般0.5米左右,出水处间隔根据梨树种植密度而不同,一般10~20米留一支管道口。冬季为防止冻坏管道,入冬前要将管道中水放掉。

21. 梨园如何应用水肥一体化技术？

水肥一体化技术是将灌溉与施肥融为一体的农业新技术。水肥一体化是借助压力系统(或地形自然落差)，将可溶性固体或液体肥料，按土壤养分含量和梨树的需肥规律和特点，配兑成的肥液与灌溉水一起，通过可控管道系统供水、供肥，使水肥相融后，通过管道和滴头形成滴灌、均匀、定时、定量，浸润梨树根系发育生长区域，使梨树主要根系土壤始终保持疏松和适宜的含水量，把水分、养分定时定量，按比例直接提供给树体。水肥一体化具有省肥节水、省工省力、降低湿度、减轻病害、增产高效等优点，是一项先进的节本增效实用技术，一年投资可多年受益。

(1)首先建立一套滴灌系统 根据具体园片和种植方式、水源特点等设计管道系统的埋设深度、长度、灌区面积等。水肥一体化的灌水方式可采用管道灌溉、喷灌、微喷灌、泵加压滴灌、重力滴灌、渗灌、小管出流等。

(2)建设施肥系统 在田间要设计为定量施肥，包括蓄水池和混肥池的位置、容量、出口、施肥管理、分配器阀门、水泵、肥泵等。

(3)选择适宜肥料种类 可选液态或固态肥料，如氨水、尿素、硫酸铵、硝酸铵、磷酸一铵、磷酸二铵、氯化钾、硫酸钾、硝酸钾、硝酸钙、硫酸镁等肥料；固态以粉状或小块状为首选，要求水溶性强，含杂质少，一般不应该用颗粒状复合肥；如果用沼液或腐殖酸液肥，必须经过过滤，以免堵塞管道。

(4)灌溉施肥的操作

①肥料溶解与混匀 施用液态肥料时不需要搅动或混合，一般固态肥料需要与水混合搅拌成液肥，必要时分离，避免出现沉淀等问题。

②施肥量控制 施肥时要掌握剂量，注入肥液的适宜浓度大约为灌溉流量的 0.1%。例如，灌溉流量为 50 米^3/667 米^2，注入

肥液大约为 50 升/667 米^2;防止过量施用可能会造成树体受肥害。

灌溉施肥的程序分 3 个阶段:第一阶段,选用不含肥的水湿润;第二阶段,施用肥料溶液灌溉;第三阶段,用不含肥的水清洗灌溉系统。

22. 梨园省力化栽培主要包括哪些技术?

(1) 宽行密植 栽植密度要便于管理和机械化作业,节省劳力,行距要适当增大,提高工作效率。一般中密植梨园可按株距 2~3 米、行距 5~6 米进行栽植。

(2) 降低树高,减少相关用工 整形上要降低树高,便于疏花疏果、套袋、喷药等管理。修剪上减少侧枝配备或不配备侧枝,主干上直接着生主枝,简化修剪。

(3) 及时疏花,减少疏果工作量 梨树花芽量大,开花坐果需消耗大量养分,疏花简便易行,事半功倍,可显著减少疏果的用工量。疏花在花前 1 周的花蕾期即可进行,宜早不宜晚。

(4) 果园生草或覆盖,减少除草用工 果园生草或覆盖园艺地布等土壤管理方式,可简化管理,保墒,提高土壤肥力,减少土壤耕翻和除草用工。

(5) 水肥一体化,节水节肥省工 水肥一体化技术是将灌溉与施肥融为一体的农业新技术。具有省肥节水、省工省力、降低湿度、减轻病害、增产高效的优点。一年投资可多年受益。

(6) 搞好病虫害综合防治,减少喷药成本 实施病虫害综合治理,以预防为主,合理用药,从而减少用药次数,降低果园用工和成本。休眠期的防治和生长季防治相结合。抓住病虫害发生特性和发生规律,在防治关键期用药。

(7) 增加物理防治,减少农药投资 在梨园应用黑光灯、性诱剂、粘虫胶等物理防治新技术,可明显降低梨园害虫基数,一般可减少喷药 20％左右。

(8)应用果园机械,提高工作效率 实施宽行栽培,加大定植行距,降低树高,便于果园机械作业,应用如割草机、开沟施肥机、田园管理机、弥雾机等果园机械,可显著节省用工、提高工作效率、降低生产成本。

四、梨树花果管理

（一）关键技术

1. 梨树的芽分类及生长发育特点是什么?

梨树的芽按性质可分为叶芽和花芽两种。叶芽萌发后长成枝条和叶片;花芽萌发后开花结果并可长出果台枝和叶片。

叶芽按其着生位置和当年是否萌发又可分为顶芽、侧芽、副芽和隐芽。着生在枝条顶端的芽称为顶芽;着生在叶腋间的芽称为侧芽;在顶芽或侧芽两侧有两个隐藏在皮下的芽称为副芽;副芽一般当年不萌发,它与枝条基部当年不萌发的芽通称隐芽。梨的顶芽发育饱满,生长力强;侧芽自上而下生长力逐渐减弱;副芽和隐芽一般在主芽受到损伤或经强烈修剪刺激才能萌发。

梨的花芽是混合芽,按着生位置分为顶花芽和腋花芽。顶花芽着生在枝条的顶部;腋花芽着生在叶腋间。

叶芽萌发后在长出枝叶的同时,其叶腋就开始形成新一代的芽原始体,在芽内分化出枝、叶的原始体。在叶芽分化过程中,条件适宜叶芽可分化为花芽。河北省中南部梨树花芽分化一般从6月中下旬开始分化,此时要注意营养要充足,保证树体形成花芽,且花芽发育充实、饱满,为翌年丰产优质打下基础。

2. 梨树的枝及新梢分类及生长发育特点是什么?

梨树着生叶片的枝称为新梢。新梢落叶后至第二年发芽前叫

"1年生枝"。梨树的1年生枝按性质可分为发育枝(也叫生长枝)和结果枝。只着生叶芽的枝称为发育枝,着生花芽的枝称为结果枝。

梨树的枝按长度可分为叶丛枝、短枝、中枝和长枝。长度在0.5厘米以下者为叶丛枝;长度在0.6～5厘米的为短枝;长度5～15厘米的枝为中枝;长度15厘米以上统称为长枝。还有一些习惯叫法,比如一个长度在10厘米的具有顶花芽的枝可称为中果枝,如顶芽为叶芽则可称为中枝;花芽萌发后在开花结果的同时,从果台处发出的新梢,叫果台副梢或果台枝。果台枝在结果的同时如果能形成花芽这种现象称为连续结果。如果一个品种果台很容易形成花芽,则表明该品种连续结果能力强。

叶芽萌发后新梢开始生长,落花后10～15天是新梢生长最快的时期,称为新梢生长高峰期。各类新梢的停止生长时期早晚各异。中、短枝一般停止生长早;长枝停止生长时间长;剪口处萌生的萌蘖停止生长最晚。不同的经济年龄时期新梢停止生长期也不同,一般成形期较丰产期新梢停止生长要晚1个月左右。

全树的新梢生长期在落花后2个月之内,其中生长最快的时间是落花后半个月左右,该期叶片也在快速生长,新梢生长需要消耗大量的积累营养,所以增加上年度梨树树体的储藏营养是非常重要的。

3. 梨树叶片的功能及生长发育特性是什么?

梨树叶片的主要作用是进行光合作用,叶片从空气中吸收二氧化碳,经光合作用可合成梨树生命活动所需要的基本物质即糖类。糖类与根系吸收的水分和各种营养等可进一步合成其他各种梨树生命活动所需要的各种物质。叶片同时还是蒸腾水分的主要器官,通过水分蒸腾作用可促进根系吸收土壤中的水分和各种矿质营养,促进树体新陈代谢。叶片蒸腾还可使叶片降温,防止叶片、枝、果实受阳光照射发生日灼。可见叶片的多少、大小,叶幕等对梨树生长有重要作用。

梨树展叶后迅速生长,一般落花后 10～25 天叶片生长最快,落花后 1 个月短枝叶片基本停止生长,梨树展叶期较短,该期由于叶片未完全展开,光合能力还不强,也需要消耗大量的树体储藏营养。所以,增强上一年度树体储藏营养,对叶片生长和增强叶片光合能力有重要作用。

4. 梨树的花生长发育特性是什么?

梨树的花序是伞房花序,每花序有 5～10 朵花,花序的花自下而上依次开放,一般壮树、壮枝花朵数多,弱树、弱枝花朵数少。花朵由花梗、花托、花萼、花瓣、雄蕊、雌蕊 6 个部分组成。

花朵开放后,雌蕊的柱头开始分泌黏液,雄蕊的花药开裂散出花粉。花粉落于柱头的过程叫授粉。授粉后,花粉粒在柱头上萌发生长成花粉管,花粉管长入子房内,花粉管中雄性细胞与子房内卵细胞结合,完成受精。梨树的大多数品种是异花授粉品种,即只有是不同品种的花粉对母株授粉才能受精,形成种子,形成种子后,种子产生生长激素,才能促进果实长大。所以,梨树生产大多数品种需要配置不同品种作为授粉树。梨树生产中仅有少数几个品种是自花授粉品种,即不需配置授粉树,自身的花中的雄蕊和雌蕊就能完成授粉受精,如金坠梨、早冠梨等。

5. 梨树的根生长发育特性是什么?

梨根系的主要功能是固着树体,吸收水分和养分,并进行输导。同时,根系也是储藏器官,入冬前树体部分养分可回流到根系储藏起来。根系也能合成一些营养和激素物质,供树体生长应用。

梨的根系由砧木种子胚根向下垂直生长的根叫主根。主根上分布的分根叫侧根。主根和各级大侧根构成根系的骨架叫骨干根。各级骨干根上着生的许多较细的根叫须根。主根与侧根形成的角度因侧根在土壤中侧面的深度不同而不同,一般越接近地上部的侧根其角度越大,几乎与地表平行的根称为水平根。越向下的根角度越小,几乎与地面垂直的根叫垂直根。梨树的主根非常发达,杜梨1年生成苗,其主根可生长至1.7米,但侧根生长较差。随着树龄的增长,根系逐渐向深层生长和横向生长。不同的梨树品种根系的角度也有差异,如鸭梨比雪花梨水平根要多。梨的骨干根和地上部骨干枝有明显对应关系,一般地上部有大的骨干枝,则地下部有一个与之相对应的骨干根。

须根上生长有吸收根,吸收根具有根毛区,根毛是吸收水分和养分的主要器官。

春季土壤解冻后根系即开始生长,开花前进入生长高峰。当枝叶旺盛生长时,新生根的生长逐渐减弱。新梢停止生长后新生根的生长量又逐渐增加,直到采收后进入又一个生长高峰。随着落叶和土壤结冻,根系停止生长。新生根的生长受外界环境影响较大,干旱、水涝、土壤通气不良等都不利于新生根的生长和吸收功能。所以,生产中栽培管理上要注意改善土壤结构,加强肥水管理,为根系创造良好的通气、营养和水分条件。

6. 梨树的果实生长发育特性是怎样的?

梨树落花后,经授粉、受精,子房和花托膨大,幼果开始发育。梨花托发育成果肉,子房发育成果心,胚珠发育成种子,花梗发育成果柄。雄蕊和雌蕊枯萎后,花萼随之脱落(俗称脱帽),幼果明显膨大,这是由花变为果的标志。有的梨品种萼片不脱落,称为宿萼品种,宿萼品种幼果明显膨大时即为由花变为果的标志。随着种子的发育,梨果逐渐长大并成熟。

小梨脱帽前未经受精而脱落的称为落花;脱帽后脱落的即为落果。不同的品种落果时间有差异,如鸭梨落果集中在脱帽后15

天以内,脱帽后 5～7 天为落果高峰,一般脱帽后 40 天停止落果。雪花梨落果高峰在脱帽后 12～15 天。掌握不同品种的落果高峰,可为提高坐果和疏果时间提供参考。

果实发育先是种子和果肉膨大,以后果肉才开始加速生长。晚熟品种如鸭梨 7 月中旬至 8 月中旬为果实生长高峰期,早、中熟品种,如黄冠梨 7 月初至 8 月初为果实生长高峰期,因此在栽培技术上一定要保证在果实速长期前施肥、灌水,满足果实迅速生长所需要的大量水分、养分,促进果实长大。

7. 影响梨花粉发芽生长的因素有哪些?

梨花粉发芽是一个复杂的生物学过程,影响梨花粉发芽的因素主要有以下几种,了解影响梨花粉发芽的因素可有效指导梨树授粉工作。

(1)花粉的质量 梨品种不同,其花粉发芽率也不同,这是品种特性决定的。据试验,胎黄梨优质花粉发芽率为 91.0%、雪花梨为 84.1%、鸭梨为 66.3%、金坠梨为 44.7%。

(2)品种亲和力 梨的品种多为自花不结实品种,多需要不同品种间的花粉才能亲和。所以,不能采集同品种花粉作授粉用,应该采集不同品种的花粉作授粉用。不同品种间授粉亲和力也有不同,最好选用亲和力高的品种的花粉进行授粉。

(3)花粉粒的发育程度 只有完全成熟的花粉粒才能完成受精过程。花粉成熟度越高,授粉效果越好。大球期至初开花朵,花粉粒已充分成熟,授粉效果好;而呈小球状的花朵,花粉粒未完全成熟,授粉效果差。所以,采集花粉应该采集大球期至初开期花朵,成熟度高,且花粉量大。

(4)温度 梨花粉发芽最佳温度为 25℃～27℃。温度为 20℃时发芽率为最佳发芽率的 60% 左右,10℃以下几乎不发芽。所以,在人工授粉时要在气温较高的条件下进行效果才好。

(5)湿度 空气湿度大有利于柱头保湿,柱头黏液充足,有利于花粉芽生长。如花期空气过于干燥,雌蕊的柱头容易变干、老化,失去接受花粉的能力。

(6)晚霜 梨雌蕊柱头的抗低温能力较差,如在开花期遇到晚霜危害,则柱头很容易受低温后变褐、枯死,不能完成授粉。晚开花由于受花瓣保护,一般不受冻,此时可对晚开花进行授粉,还能保证一定坐果。

(7)风的影响 开花后微风有利于授粉,但如风力较大,吹动花朵抖动、偏斜,对自然授粉和人工授粉都是不利的。尤其是干燥风或携带风沙时,会使柱头很快老化,且柱头黏液沾满大量灰尘影响花粉粒的附着,不利于授粉。

8. 梨果为什么要进行套袋栽培?

(1)防止果实虫害、病害危害 梨套袋后有效地将梨果保护起来,对在果面和叶片产卵的蛀果害虫防治效果较好,如梨小食心虫、桃小食心虫、苹果小食心虫等。由于梨袋的保护作用,阻断了一些病菌与果实的接触,对梨果实上病害如梨轮纹病、梨炭疽病、梨黑星病等也有较好的防治效果。

(2)果点浅小、果面洁净 梨果套袋后延迟了果面果点和锈斑的发育和形成,使果点变得色浅,果点面积也减小;同时,果袋防止了灰尘、药液、杂菌等的污染,果面洁净、美观。

(3)改变果面色泽 不同色调和透光率的梨袋应用后,影响套袋梨果实的果面颜色。一般梨袋颜色越深,透光率越低,套袋果果面颜色越浅。例如,黄冠梨套三层加内黑纸袋后果面可由不套袋的黄绿色变为黄白色;丰水梨套三层加内黑纸袋后果面可由较深的赤褐色变为黄褐色。生产中可根据商品果要求的色泽选用不同类型的梨果实袋。

(4)降低农药残留 套袋后喷农药时,由于梨袋保护,药液不能直接喷到果实上,降低了农药在果实中的残留,有利于生产无公害果品。

(5)延长果实贮藏期 梨果套袋后减少了蛀果害虫的危害,减少了梨轮纹病等果实病害的发生,使果实在冷库贮存中大大减少了因病虫果造成的烂果。同时,采收时由于袋体的保护,机械伤也大为减少。

(二)疑难问题

1. 梨树如何采集花粉?

人工辅助授粉可提高坐果率,保证丰产稳产,也可提高果实产量和品质,是梨园周年管理中一项重要技术。

进行人工辅助授粉首先要采集花粉。在主栽品种开花前,选择花粉量大、与主栽品种亲和力良好、最好是提前1~2天开花的品种作为适宜授粉的品种,在发育充实的果枝上采集含苞待放的大球期花蕾,因大球期花蕾花粉量大且花粉质量好,花粉发芽率高。

采花后,要及时摘取花药。人工取花药时,两手各拿一朵花进行花瓣对花瓣对搓,将花药搓下,然后将所有搓下的花药过筛,筛去花瓣和花丝,将干净的花药平铺到干净的报纸上,置于23℃~25℃房间晾干(注意不能放阳光下晒干,否则花粉的生活力将严重受损)。一般经48小时可散出花粉。果园面积较大时,有条件的也可到专业部门购买梨树花粉或用机械设备进行采粉。

2. 梨树人工辅助授粉主要有哪些方法?

(1)人工点授 首先将收集的花粉加滑石粉或淀粉等填充剂稀释,以节约花粉。一般比例为1份花粉加4份填充剂。授粉时用自制授粉器,蘸取少量花粉,向初开花朵的柱头轻轻一点,使花粉均匀地黏附在柱头顶端即可。由于花粉粒很小,无须使柱头上见到黄色的花粉,也不要在柱头上反复揉搓,以免伤害柱头影响受精。一般每个花序授2~3朵花。授粉时不必逐花点授,根据留果量、花量、树势等情况确定。花量少的旺树和小树要多授,大树弱树要少授。

(2)**机械授粉**　果园面积较大时,应采用喷雾器或喷粉器进行机械授粉,以提高工作效率。具体做法是,将花粉与糖、硼砂、水等配成悬浊液(水∶蔗糖∶硼砂∶花粉＝500∶25∶1∶5),用喷雾器喷洒效果较好。在梨树的初花期和盛花期各喷洒1次,一定要喷洒均匀,花粉液一定要现配现用。

(3)**花枝挂罐授粉**　授粉树较少或当年授粉树开花较少的梨园,在开花初期剪取授粉品种的花枝,插在水罐中挂在需要授粉的树上,依靠水罐中的水分,可保证花枝在梨树花期内开花散粉,起到授粉的效果。

(4)**鸡毛掸子授粉**　当授粉树充足但分布不均匀时可采用此方法。当主栽品种开花、授粉品种散粉时,用一长竹竿绑上毛掸,先用毛掸在授粉树上滚动蘸取花粉,再移至主栽品种上滚动、抖动进行授粉。

(5)**花粉袋振粉**　将采集的花粉加入4倍滑石粉或淀粉,过细罗2次,使滑石粉与花粉混合均匀,装入双层纱布袋内,主栽品种开花后,将花粉袋绑在长竹竿上,伸向主栽品种树上部,轻轻振动竹竿,使花粉从花粉袋散出,起到授粉的效果。

人工辅助授粉,无论哪种方法,授粉时间选在初花期和盛花期的晴天进行,效果以开花当天或翌日最好。花开4天以后授粉,人工授粉坐果率降低,已经失去授粉的意义。在出现霜冻、冻害等不良气候时,更应加强人工授粉的力度。

3. 梨树如何进行花期放蜂？

在国外利用壁蜂、蜜蜂为果树授粉已经相当流行。主要是利用蜜蜂或壁蜂在采粉时可以携带花粉的方法进行辅助授粉。据试验，花期专门放蜂，可提高坐果率 20%～30%，增产效果十分明显。角额壁蜂、凹唇壁蜂已成为发达国家进行果树授粉的主要技术措施之一，其授粉能力是普通蜜蜂的 80 倍，较自然授粉坐果率可提高 0.5～2 倍。放蜂期一般在开花前 5～10 天进行，将蜂茧放到蜂巢管（50～100 根一捆）内，蜂茧头朝向管口（南向），并用卫生纸封住管口。每 667 米² 放蜂 100 头左右。一般 5 天以后是出蜂高峰，正是梨树初花期至盛花期，因此也是最佳授粉期。

我国主要采用蜜蜂进行辅助授粉，由于蜜蜂访花基本是顺行进行，串行的概率在 30% 以下，因此放蜂时最好多放几处，开花前 2～3 天放入园内。一般每箱蜂可保证 3 335～6 670 米² 梨园授粉。

需要注意的是，放蜂的梨园在花期禁止使用农药，确需喷药的果园应提前 10 天以上进行，以防止蜂类大量中毒死亡。

4. 梨树花期提高坐果还有哪些措施？

在梨树花期喷布激素或营养元素，可以明显地提高坐果率。如可在盛花期喷施 20～50 毫克/千克赤霉素溶液，或花期喷 0.3%尿素＋0.3%硼砂混合溶液，均可显著提高梨树坐果率。

其他通过加强肥水管理，培养健壮的树势；加强病虫害的防治，特别是注意直接危害花和果实的病虫害防治；降低树高，进行架式栽培；晚霜到来时及时进行熏烟处理防止冻害；有雹云出现时及时组织群众进行防雹作业等措施，都可以降低落花落果率。另外适度夏剪，疏除过密枝、强旺枝，保留中庸枝，打开光路，通风透光，也可以促进坐果，并可提高光合作用和果实质量。

5. 梨树防止花期霜冻有哪些常用方法？

梨树花期正处于晚霜结束前，花期气温降至−2℃时，如持续时间较长则会发生冻害。梨花雌蕊抗冻力较弱，如受冻造成雌蕊变褐，干缩，只开花而不能结果。由于不同梨园花期各个阶段和管理水平不同，梨花抗低温的能力有一定差异，一般以−2℃作为防霜温度参考的临界值。

防霜的方法生产上采用较多的是花前灌水推迟花期和花期熏烟法。花前灌水能降低梨园土壤温度，推迟梨花期晚开 2～3 天，可有效避开霜冻。

熏烟法是花期注意收听当地天气预报，当最低气温有下降至−2℃的可能时，就要准备防霜。方法是提前将树枝、柴草、锯末等熏烟物品运入园内，沿上风头在田间道路均匀摆开，注意离树体不能太近。于入夜前在田间距离地面 1 米处放置温度计，由专人值班观测，记录温度。若凌晨 2～3 时温度下降至 0℃时，则应准备好熏烟，如温度下降缓慢，至 5 时左右温度仍在−2℃以上，或有微风吹起时，则不必急于点火熏烟，一般情况下温度会较快回升。若天气晴朗，从凌晨 2～3 时温度骤然下降至 0℃，且至 4～5 时继续下降至−2℃时，则应点火熏烟。点火时要统一号令，同时进行，点火后要防止产生明火，以使产生浓烟为好。浓烟吹向梨园间，可使梨园温度升高 2℃～3℃，可达到有效防止梨花受霜冻危害的作用。

6. 梨树如何进行疏花？

梨树多数品种容易形成花芽，对花量过大且授粉条件较好的梨树，适量疏去一部分花朵可节约大量养分，明显提高坐果率。疏花工作应从冬季修剪时即开始，到开花期均可进行。因梨品种大多易成花，花芽一般比较多，消耗养分较大，因此在花芽过量时，应结合冬季修剪,先疏除一部分花芽,疏弱留壮,这样可减少春季疏花工作量,起到事半功倍的效果。

疏花时间在花蕾分离至开花前进行,宜早不宜迟。因疏花朵太费工、耗时,所以生产中以疏除一部分花蕾为主;腋花芽发育质量差,将来果实较小,幼树或盛果初期树可适当保留,盛果期一般不保留腋花芽。由于自然环境变化无常,疏花时应适当多留一部分,以防止恶劣气候造成减产。特别是易发生冻害、晚霜危害的地区,更应留出一定的保险系数(如 20%)。花期疏花时要在保证花量够用情况下,本着上部及外围少疏,下部及内膛多疏的原则进行疏花。一般上部及外围疏花可采用逢 3~4 去 1 的方法,下部及内膛可采用逢 2~3 去 1 的方法。疏花时要将准备疏除的整个花序全部疏去,注意不要疏除叶片,尤其不能疏掉果台枝,否则会影响下一年度的花量。对于病虫危害的花序及发育不健全的花序也要及时疏除。

7. 梨树如何进行疏果?

及时疏果可节省大量养分,使养分集中到留下的果实上,促进果实增大,增加整齐度,提高好果率,保证树体连年丰产、稳产。

疏果在落花后 15~20 天内进行,先疏去病虫果、伤残果和畸形果,然后再根据果型大小和枝条壮弱决定留果量。有些品种必须严格疏花疏果,例如鸭梨幼果在花序中的着生位置,不仅影响果实的形状,果个的大小,还影响果实的品质。一般留从边花数第三、第四序位上授粉良好、果形端正的果实,果个比较大,含糖量比较高。留果量要依据品种特性、树体长势、历年产量和年栽培措施等为依据,按枝果比或叶果比确定。一般大果型 3~5 个枝留 1 个果,小果型 2~4 个枝留 1 个果。生产上最常用的方法是根据花果间距来确定,一般梨的大、中型果,树冠上部及外围 20~25 厘米留1 个果,小型品种 15~20 厘米留 1 个果。下部及内膛部位一般梨树的大、中型果可 25～30 厘米留 1 个果,小型果品种 20～25 厘米留 1 个果。此外,留果量还要根据品种特性,有些品种落花落果严重,或易感染病虫害等,前期应适当多留一些花果,然后逐步疏除,分步达到目标要求。疏果后应使全树留果均匀,生长优势部位适当多留果,下部及内膛部位适当少留果,保证全树果实正常生长。

疏花比疏果果实明显增大;疏果,早疏比晚疏果实明显增大。所以,生产上要掌握"疏花为主,疏果为辅,宁早勿晚"的原则。

8. 梨树如何选择果实袋?

梨果实套袋可以明显提高果面的着色度和清洁度,降低病虫果率,减少农药残留,明显提高果实外观品质;套袋可以减轻日灼造成的危害,大大提高果实的整齐度及商品果率;可以防止果实的意外伤害,提高果实的耐贮性等。但套袋果也有一些不足,如可溶性固形物含量平均降低 0.5% 左右,风味变淡等,但并不足以影响套袋的优点。不同的纸袋种类、不同的套袋时期,对果实的外观品质影响差异很大,在套袋栽培中首先应选择合适的梨袋。

目前,梨树生产上应用的梨果实袋种类很多,按层数有三层袋、双层袋、单层袋等;按颜色有白色袋、黄色袋、花色袋及各种色调的果实袋;按材料有木浆纸袋、塑膜袋、报纸袋等;其他还有内黑袋、双黄袋、幼果小袋等多种。不同种类的纸袋,会造成袋内微环境的差异,使果实的大小、色泽、果面光洁度以及果实的可溶性固形物含量、果实风味也不相同。例如,两种双层纸袋,内层是石蜡纸的属低温潮湿型;内层为非石蜡纸的属高温干燥型。这两种纸袋比较,前者袋内温度较低、比较潮湿,果皮薄而软,果斑少,具光泽,果肉软,果汁多,但含糖量低;后者袋内温度高而干燥,果实较小,果皮厚而硬,果斑多,光泽差,肉质硬,果汁少,但含糖量高。

由于梨袋种类很多,选择梨袋时要依据经济条件、管理水平、梨树品种、果实色泽要求等，根据以上果袋的特点综合考虑选择果袋。如生产黄白色黄冠梨可选择三层内黑袋；生产黄绿色绿宝石梨可选择白色袋或双黄袋；生产黄褐色丰水梨可选择双层内黑袋；生产高档黄金梨可选择幼果时先套幼果小袋，45天后再套双黄袋等。有的品种如雪花梨套纸袋容易使果面产生大面积果锈，商品价值降低，生产中可以套塑膜袋，可以防止果面锈斑的产生，果面洁净，但果实成熟时果皮为绿色，实际生产中可根据需要选用适用的袋型。

9. 梨树如何进行果实套袋？

梨树套袋时间对果实外观和坐果率都有一定影响。套袋过晚，对果实外观的改善效果就会下降，锈果率及锈果面积明显增加；套袋过早，果柄细弱，抗风力差，极易造成大量落果。梨树套袋一般在落花后15～45天内进行，最佳时期是落花后20～30天。对于容易产生果锈的品种如黄金梨，可进行两次套袋，即于正常套袋之前，先套一次白色单层小袋，在幼果尚未长满小袋之前，根据果实色泽要求再套相应的大袋。两次套袋提高外观品质效果比较明显，且可以避免发生叶片摩伤及落果等问题；但投资较大，费工费时。

无论哪个品种、哪种梨袋，套袋前必须彻底喷布一次杀菌、杀虫剂，然后选择授粉良好、坐果可靠、果形周正的果实进行套袋。套袋方法是先将纸袋口捻开，托起袋底，使袋体膨起，两底角的通气放水口张开，一手托起果袋，将幼果套入袋内，露出果柄，再从袋口中间向两边依次按"折扇"方式折叠袋口，然后取出袋口捆扎丝，反转于袋口下约2厘米处捆扎结实。操作时，不要用力触摸果实，防止擦伤。纸袋套好后，梨果应位于袋内中部，呈悬空状态，否则如果梨果位于袋内一侧，果实长大后容易将袋撑破。套袋时应先上后下，先内后外，防止人为将套袋果碰落（图8）。

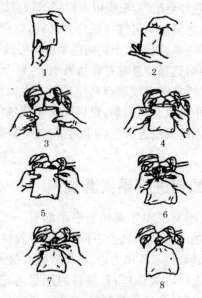

图 8 梨果套袋方法

1. 捻开袋口　2. 撑开袋口，托起袋底，使袋体膨起　3～4. 套住幼果

5. 折叠袋口　6. 从袋口一侧取出捆扎丝　7. 捆扎丝反转至袋口

8. 沿袋口下 2 厘米捆扎

10. 梨果套袋栽培有哪些配套技术？

梨果套袋并不是一项单项技术，必须有相配套的技术措施，才能收到套袋栽培的效果。

(1)套袋前的技术管理

①刮树皮　冬季最低温后，于 2 月中旬前后，要仔细刮除梨树树干和枝杈处的粗翘皮，并收集起来集中烧毁，因梨树树皮中藏有大量过冬的害虫和病菌，如梨黄粉蚜、康氏粉蚧、红蜘蛛、梨木虱、梨小食心虫、梨腐烂病、梨轮纹病等。刮除翘皮可大大减少越冬病

虫害基数,降低虫口密度,减轻生长期病虫害防治压力,减少病虫害危害果实。

②精细修剪　按修剪规划搞好梨树精细修剪,做到枝组配备合理,通风透光,全树叶面积系数控制在4左右,使留果量及果位与最佳商品果的单果重相适应,保证套袋效果。

③落花后喷药　落花后及时喷药,可喷杀虫剂和杀菌剂,杀灭梨蚜、梨木虱、梨黄粉蚜等越冬或第一代若虫;杀灭梨黑星病、梨轮纹病等病菌,防止其危害套袋梨果。

④搞好疏果、合理负载　套袋要保证套袋后的效果,争取套一个果成功一个,因梨袋本身成本及套袋用工成本较高,所以要保证疏果均匀,合理负载,提高商品果率。

⑤套袋前喷药　为防止将病菌套入袋内,套袋前5～7天应喷杀菌药剂。若套袋期间有明显降雨应该补喷再套。

(2)套袋后的技术管理

①套袋后及时防治病虫害　尤其要防治好梨木虱、梨黄粉蚜、康氏粉蚧等入袋害虫,这些害虫进入袋内将造成落果或造成果面产生黑斑,使套袋果失去商品价值。

②套袋后搞好土肥水等管理　及时中耕、施肥、灌水,及时夏剪,保证通风透光,保证套袋果正常生长。

③病虫害防治　搞好生长季病虫害防治。

11. 梨果实成熟度如何判定?

(1)果实的种子　切开果实查看梨果种子,种子发育饱满,颜色变褐,表示果实成熟。果实种子成熟颜色变褐色是果实成熟的根本标准。

(2)果实的生长日数　不同梨树品种其果实的生长发育时期不同,同一梨树品种不同的栽培地区、不同的年份其生长时期也不相同,直接表现是成熟期不尽一致。

(3)果皮的色泽 每一个品种成熟后都有其特有的色泽,一般在果实生长发育过程中,前期为绿色,随着果实的不断增大、成熟度的提高,果皮上的叶绿素逐渐分解,果皮底色逐渐显现。当绿皮品种果面变成黄绿色,出现光泽和蜡质的时候,表明开始进入成熟期;褐皮梨品种果皮光滑,果点完全展开,变成黄褐色时,表明果实开始成熟。

(4)果实硬度及可溶性固形物含量 随着果实成熟度的增加,果实的硬度逐渐降低,可溶性固形物含量逐渐增加,而达到某一个界限时,果肉的硬度降幅减小,可溶性固形物达到本品种的固有含量时可以采收。

(5)果实的大小 每一个品种果实成熟后,其大小有一个分布区间。当果实达到本品种固有大小时,表示已经成熟,可以采摘。

12. 梨果实如何采收?

梨果实采收的方法有人工采摘和机械采收两种方法。在我国,基本上还是以人工采摘为主。人工采摘具有以下优点:在同一果园,可以进行分期分批采收,早成熟的果实早采,晚成熟的果实晚采,提高果实的整齐度。采摘时应按照先下后上、先外后内的顺序采收,以免影响其他果实的采收。

采摘过程中如操作不当极易造成梨果的机械损伤,如指甲伤、碰伤、压伤、划伤、擦伤等,受伤的果实极不耐贮藏。

国外对进口果品质量要求特别严格,绝不允许有机械损伤的果品进岸。因此,采摘过程一定注意保护好果实,防止受伤。工作人员都要经过严格的培训,增强其责任心;果实直接带袋采收;工作人员应剪平指甲并戴手套操作;采摘的果筐不能有尖刺、棱角,还要铺垫柔软的蒲包等;采果捡果要轻拿轻放,尽量减少转筐(或箱)次数,运输过程要防止挤、压、碰、撞、抛等现象。

采收后要及时进行分级,主要有人工分级和自动化分级两种。

目前,我国绝大部分还沿用果园就地人工挑选分级的方法,其缺点是劳动量大,生产效率低,分级精度不确定,无法保证内部品质标准。发达国家已采用电子监控功能的自动化分级。采用水果分级机,根据果实的大小、形状、色泽、新鲜度、内部品质、病虫害、机械损伤等进行自动分级,大大提高了分级效率和分级质量。

13. 优质鲜梨的外观质量等级如何划分?

优质鲜梨的外观质量等级指标,见表 7。

表 7 外观质量等级指标

项 目			优 等	一 等	二 等
基本要求			果实完整良好,新鲜洁净,无异嗅或异味,不带不正常的外来水分,果柄剪留适宜,充分发育,具有适于市场销售或贮存要求的成熟度		
单果指标	果 形		果形端正,具有本品种应有的特征	果形正常,具有本品种应有的特征	果形允许略有缺陷,但仍保持本品种果实的基本特征,不得有畸形果
	色 泽		具有本品种成熟时应有的色泽	具有本品种成熟时应有的色泽	基本具有本品种成熟时应有的色泽
	单果重		大型果≥350 克 中型果≥220 克 小型果≥162 克	≥300 克 ≥185 克 ≥151 克	≥240 克 ≥162 克 ≥140 克
	果面缺陷指标	总要求	基本无缺陷,下列允许缺陷不超过 1 项	下列允许缺陷不超过 2 项	下列允许缺陷不超过 3 项
		(1)碰压伤	不允许	允许轻微者 1 处,面积不超过 0.5 厘米^2,不得变褐	允许轻微者 2 处,总面积不超过 1.0 厘米^2,每处不超过 0.5 厘米^2,不得变褐

续表7

项 目		优 等	一 等	二 等
单果指标	果面缺陷指标			
	(2) 刺伤、破皮划伤	不允许	不允许	不允许
	(3) 摩伤	允许轻微摩伤面积不超过 2 厘米²	允许轻微摩伤面积不超过 3 厘米²	允许轻微摩伤面积不超过 4 厘米²
	(4) 果锈、药害	允许轻微薄层总面积不超过 4 厘米²	允许轻微薄层总面积不超过 6 厘米²	允许轻微薄层总面积不超过 8 厘米²
	(5) 日灼	不允许	不允许	允许桃红色或稍微发白者不超过 1.0 厘米²
	(6) 雹伤	不允许	允许轻微者 1 处,面积不超过 0.2 厘米²	允许轻微者 1 处,面积不超过 0.5 厘米²
	(7) 虫伤	不允许	允许干枯虫伤 1 处,面积不超过 0.1 厘米²	允许干枯虫伤 2 处,总面积不超过 0.5 厘米²
	(8) 病害	不允许	不允许	不允许
	(9) 食心虫果	不允许	不允许	不允许
	(10) 裂果	不允许	允许风干裂口 1 处,长度不超过 0.5 厘米	允许风干裂口 2 处,每处长度不超过 1.0 厘米
单位包装指标	色 泽	色泽均匀一致	色泽均匀一致	色泽基本均匀一致
	成熟度	一致	一致	基本一致
	允许度 串等果	允许有不超过 2% 的一等果,不允许混入一等以下果	允许有不超过 3% 的二等果,不允许混入等外果	允许有不超过 5% 的等外果(不得包括有严重碰压伤、裂口未愈合果、病果、烂果)

续表7

项 目		优 等	一 等	二 等
单位包装指标	允许度	果实整齐度	果实大小整齐,不符合单果重量区间范围的果实个数不得超过4%	不符合单果重量区间范围的果实个数不得超过6%	不符合单果重量区间范围的果实个数不得超过8%
		果面缺陷	不允许出现的果面缺陷果实个数不得超过2%	不允许出现的果面缺陷果实个数不得超过3%	不允许出现的果面缺陷果实个数不得超过4%
		开箱腐烂率	允许有不影响食用品质的生理性病害、腐烂果实个数不超过2%	允许有不影响食用品质的生理性病害、腐烂果实个数不超过3%	允许有不影响食用品质的生理性病害、腐烂果实个数不超过5%
		总要求	不符合本等级质量要求的果实个数合计不得超过5%	不符合本等级质量要求的果实个数合计不得超过7%	不符合本等级质量要求的果实个数合计不得超过9%

注:套袋生产的梨果应具有套袋果所应有的色泽。

14. 优质鲜梨的重量等级如何划分?

不同品种的果实依其类型和等级,选用表8中相应重量级别。

表8 重量级别指标

大型果			中型果			小型果		
重量级别名称	平均单果重(克)	重量区间(克)	重量级别名称	平均单果重(克)	重量区间(克)	重量级别名称	平均单果重(克)	重量区间(克)
5LL	612	550.1~	5ML	278	265.1~300	5SL	227	220.1~240
4LL	500	460.1~550	4ML	250	240.1~265	4SL	208	200.1~220
3LL	417	400.1~460	3ML	227	220.1~240	3SL	192	185.1~200
2LL	357	350.1~400	2ML	208	200.1~220	2SL	179	173.1~185
LL	312	300.1~350	ML	192	185.1~200	SL	167	162.1~173

续表8

大型果			中型果			小型果		
重量级别名称	平均单果重(克)	重量区间(克)	重量级别名称	平均单果重(克)	重量区间(克)	重量级别名称	平均单果重(克)	重量区间(克)
LM	278	265.1～300	MM	179	173.1～185	SM	156	151.1～162
LS	250	240～265	MS	167	162～173	SS	147	140～151

注：现行级别名称"140"、"112"、"96"、"80"、"72"、"60"、"45"、"36"等继续使用。

15. 优质鲜梨的果实理化指标等级如何划分？

生产中栽培的优质鲜梨的主要品种果实理化指标，见表9。

表9 梨主要品种果实理化指标

品 种	可溶性固形物含量(%)	总酸量(%)	果实硬度(千克/厘米^2)
雪花梨	≥13.0	≤0.12	7.0～9.0
茌 梨	≥12.0	≤0.16	6.5～9.0
金花梨	≥13.0	≤0.14	8.5～10.0
新 高	≥11.5	≤0.16	5.5～7.5
黄金梨	≥14.0	≤0.10	6.5～8.4
爱 宕	≥11.5	≤0.10	6.0～8.0
鸭 梨	≥11.0	≤0.16	4.5～5.5
早酥梨	≥11.0	≤0.24	7.1～10.8
黄冠梨	≥11.0	≤0.20	6.5～7.4
二十世纪梨	≥12.5	≤0.15	4.5～5.5
丰 水	≥13.0	≤0.10	5.0～6.5
华 酥	≥12.0	≤0.22	6.0～8.0
7月酥	≥12.5	≤0.14	5.5～7.5
红香酥	≥13.0	≤0.10	7.0～9.0

续表 9

品　　种	可溶性固形物含量(%)	总酸量(%)	果实硬度(千克/厘米²)
安　梨	≥13.0	≤1.10	6.5~8.0
秋白梨	≥12.0	≤0.40	10.0~12.0
京白梨	≥12.5	≤0.80	6.5~8.0
胎黄梨	≥13.0	≤0.14	6.5~—8.0
红巴梨	≥13.0	≤0.38	9.0~11.0
新世纪	≥12.0	≤0.16	5.5~7.5

16. 优质鲜梨的无公害等级如何划分？

按照农业行业标准《无公害食品　梨》(NY 5100—2002)的规定,无公害梨的卫生要求包括重金属元素铅、镉、汞和类金属元素砷的卫生限量标准,以及多菌灵、毒死蜱、辛硫磷、氯氟氰菊酯、溴氰菊酯、氯氰菊酯等 6 种农药的残留限量标准,见表 10。

表 10　无公害梨的卫生要求　(毫克/千克)

项　　目	指　标	项　　目	指　标
铅	≤0.2	毒死蜱	≤1.0
镉	≤0.03	辛硫磷	≤0.05
汞	≤0.01	氯氟氰菊酯	≤0.2
砷	≤0.5	溴氰菊酯	≤0.1
多菌灵	≤0.5	氯氰菊酯	≤2.0

17. 梨果包装有什么要求？

要求包装容器采用瓦楞纸箱或钙塑纸箱,有良好的透气性。包装材料必须新鲜洁净、无异味,对人体无害,且不会对果实造成伤害和污染。同一包装件中果实的横径差异,层装梨不得超过 5 毫米,其他方式包装不得超过 10 毫米。包装件的表层梨的大小、色泽等各方面均应代表整个包装件的质量情况。包装件中装好的梨果,应该大小均匀,松紧适度,既不造成果间挤压,也不能果间空隙过大,造成移动中果实晃动,损伤果面。

包装箱应在箱体的外部印刷商品标记,标明品名、品种、品质等级、重量级别或果实数量、净重、产地、包装日期等,要求字迹清晰,容易辨认,完整无缺,不易褪色。

五、梨树整形修剪

(一)关键技术

1. 梨园为什么要进行整形修剪?

整形修剪是梨树栽培过程中主要管理技术之一,在相同立地条件和管理水平上,良好的树形、高超的修剪技术,往往是决定梨果产量、品质和丰产、稳产的主要因子。合理的整形修剪可以保证树体通风透光,提高品质,减少病虫害危害,达到丰产、稳产、优质、高效的生产目的。

整形修剪的意义表现在以下几个方面:一是调整梨树个体结构,使梨树的树冠骨架结构合理、牢固,各类枝位置适当,比例合理,能够创造较好的微域环境条件,提高光能利用率;二是调整果园群体结构,更好地利用空间和土地资源,利于通风透光;三是调节树体的营养状况,保持树体生长和结果的平衡关系,减少不必要的营养浪费和消耗;四是合理的整形修剪,可以降低病虫发生程度,减少病虫发生次数。

2. 梨树修剪时期主要有哪些?

梨树修剪一般分为两个时期,即冬季修剪和夏季修剪。

(1)冬季修剪 一般是在冬季落叶后至第二年春季萌芽前所进行的修剪工作。冬季修剪的主要措施有:短截、疏枝、回缩、缓放等。其优点是:由于秋季叶片、枝梢的养分都回流到主干和根系,此时修剪能调节树体的结构比例、损失的养分相对较少;枝芽量的减少,使翌年的养分相对集中,有利于枝芽的健壮生长和果实的生长发育,能提高果实的品质;冬季是农闲季节,有充足的时间和劳力进行修剪工作。

(2)夏季修剪 又称生长期修剪,是指在春季萌芽后到秋季落叶前所进行的一切修剪活动。夏季修剪主要措施有:抹芽、疏梢、刻伤、拿枝、摘心、拉枝、环剥等。其优点是:在幼树上夏剪能够迅速增加树体分枝量,提早成形,提前结果;成年树通过夏剪,可以调节树体生长状况,减少养分消耗,改善通风透光条件,达到提高果实品质和花芽质量的目的。有些夏剪措施,有它自己特定的应用时间,并要掌握一定的度,不能盲目乱用,否则达不到效果,甚至会有害。如环剥过早、过晚,剥口过宽都不利于伤口的愈合,甚至会死树,剥口过窄起不到环剥的效果。

3. 什么叫修剪程度? 如何掌握?

梨树修剪有轻剪、重剪之分,是对修剪程度而言。一般对一个枝或一株树剪去的枝量相对较多,叫重剪;反之,叫轻剪。但不同的修剪方式对剪量的影响是不一样的,相同剪量情况下,不同的修剪方式如短截多或回缩多或疏枝多,其修剪反应也不同,例如,相同剪量情况下,如短截过多,则很容易冒条,刺激生长出大量徒长枝,不但影响成花,且影响通风透光,影响喷药等管理。所以,生产中要积累修剪经验,根据不同的品种、树龄、长势等具体情况,掌握准确的修剪程度。

修剪的基本原理要掌握"修剪的整体抑制和局部刺激作用"。只要对一株树进行修剪,就会对整体生长起到抑制作用,剪量越大,抑制作用越强。不修剪的树放任生长,在幼树阶段生长量很大,也能很快结果。但这些放任生长的树树冠直立、高大,生长势逐渐减弱,树冠内很快光秃,果品质量下降,且管理不便。所以,生产中需要运用修剪的局部刺激作用,对梨树进行合理修剪,做到枝组分配合理、通风透光,使梨树按生产者需要的目标生长、开花、结果。

4. 梨树体结构是怎样组成的?

要搞好梨树整形修剪,首先要了解梨树树体骨架构成,一般不管哪种树形都包含以下几个部分。

(1)骨架 构成树体骨干部分的总称。

(2)主干 从地面至第一个永久性主枝或长放枝组之间的部分。

(3)中心主枝与主枝 从第一个永久性主枝或长放枝组到最上1个主枝或顶端枝组的区间,位于树冠中心的叫中心主枝,是全树的主轴。着生在中心主枝上的永久性枝叫主枝。

(4)枝组基轴 着生在中心主枝上,能够发出2个或2个以上长放枝组的骨架枝叫枝组基轴。相当于一个缩短了的主枝。

(5)长放枝组 经长放延伸而形成的枝组为长放枝组。多年长放延伸后,经逐年回缩形成的永久性枝组,可视为骨干枝的一部分。

(6)小型结果枝组 着生在长放枝组上的一个个小型分枝称为小型结果枝组,是结果枝的主要组成部分。

(7)跟枝 大枝利用背后枝进行回缩或开张角度时,在背后枝上部剪口或锯口处,保留的一个生长势可控制的小型枝组叫跟枝。

(8)枝组角度 枝组与中心主枝间的夹角。长放枝组角度是指全枝角度的总趋向。枝组着生部位的角度叫基角;枝组中部的角度叫腰角;枝组先端的角度叫梢角。

(9)树高、枝展与冠高 树高是指从地面至树冠顶部的高度。枝展指枝组在东西及南北方向的延伸长度,测量至1年生枝先端。冠高是指树冠上枝叶分布的高度。

5. 梨树的枝组是怎样分类的?

(1)按长度分类 梨树的枝组按长度分可分为 3 类。

①长枝组 长度在 67 厘米以上的枝组。

②中枝组 长度在 34～66 厘米的枝组。

③短枝组 长度在 33 厘米以下的枝组。

以上 3 种枝组按壮弱又可分为健壮枝组和细弱枝组两种。凡是粗度与长度相适应,经短截或长放后能发出 67 厘米以上顶梢的枝组称为健壮枝组。粗度较细经短截或长放后发出的顶梢不足 67 厘米的,称为细弱枝组。各类枝组之间是可以相互转化的。如健壮短枝组经多年延伸加粗可逐渐发展为中枝组、长枝组;而细弱长枝组经回缩修剪也可缩为中枝组、短枝组;短枝组遇适宜条件发出条梢后也可转化为健壮枝组。修剪的目的就是要使枝组向着所需要的方向转化。

(2)按生长结果状况分类 梨树的枝组按剪后生长结果状况也可分为 3 类。这种分类主要针对健壮枝组而言。

①生长枝组 剪后能萌生新梢的枝组。若这种枝组位于中心主枝上,当发出新枝后称为枝组基轴。这类枝组主要有两种形态,一是健壮 1 年生枝经短截后的形态,二是健壮多年生枝回缩的形态。这两种形态剪后均可发出 67 厘米以上新梢。

②成花枝组 剪后能够形成花芽的枝组,如鸭梨 1 年生枝经过长放,上一年已经结果的枝组;或雪花梨连续长放的环刻枝,均可在上一年的果台枝或中短枝上形成花芽,称为成花枝组。

③结果枝组 剪后留有多个花芽,以结果为主的枝组。

6. 梨树与修剪有关的生长结果习性有哪些?

(1)梨树是多年生乔木 梨树的干性强,生长直立,在自然生长条件下树体生长高大直立。这就需要在整形修剪时采取相应措施,控制树体高度、促其开张角度,使枝叶分布在合理的空间范围内。

(2)梨树枝干基角小、木质脆、易劈折 整形修剪时要注意枝组生长的方位及伸展方向,经得住结果后果实的压力,防止劈折或角度过大长势变弱。由于基角小,拉枝时要注意枝条受力点的选择,防止将枝基部拉劈,基角过小时可采用反向拉枝法,将枝拉向枝条生长的相对方向,防止枝条劈折。

(3)梨顶端优势强 梨的顶端优势现象比较明显,树体顶部、上部及外围优势部位生长旺盛,下部枝生长较弱。所以在梨树整形修剪中要采取利用或抑制顶端优势技术,使枝条尽可能的按所需要的方向均衡生长。

(4)萌芽率强、成枝力弱 梨树多数品种萌芽率强,1年生枝长放饱满芽一般都能萌发,但成枝力较弱,萌发的芽长成长枝的很少。这就给幼树整形造成一定困难。所以,经常要用"目伤"技术促发新枝。同时萌芽率强,短枝多,生长容易变弱,造成下部光秃,所以修剪中要注意经常更新复壮。

(5)容易成花 梨树多数品种容易成花,许多品种还容易形成腋花芽,对早果早丰有利。但盛果期后大量形成腋花芽给疏花疏果带来不便,且开花多枝组容易衰弱,修剪中要注意更新,减少结果部位外移。

(6)连续结果能力较差 梨树多数品种开花结果后,当年抽生的果台枝多数情况下不容易成花,连续结果能力差,修剪中要注意各种枝组的轮替结果。

(7)梨树愈合能力差 梨树伤口愈合能力差,要注意保护较大的剪锯口。成花措施中选用环刻技术为主,尽量不要环剥。

(8)梨树隐芽寿命长 梨树隐芽寿命可长达几十年,当重回缩时一般可刺激隐芽萌发,有利于更新和大树树形改造。注意刺激隐芽萌生新枝时要使隐芽处于生长优势部位才能发出壮枝。对于已出现粗皮的大枝,确需更新时要在更新前一个生长季刮掉粗皮,第二年重回缩可刺激隐芽萌发。

(二)疑难问题

1. 梨树冬季修剪有哪些常用手法?

(1)刻芽 刻芽即在春季萌芽前,在枝条芽的上部用刀横刻,深达木质部,长度约是枝条周长的一半,也叫目伤。刻芽的目的是暂时阻止水分和养分的运输,使之集中到伤口下的芽体上,促进该芽的萌发。刻芽一般应用在缺枝部位,通过此法促进枝条抽生,填补空间,使树体丰满。

(2)短截 对1年生枝从侧芽部位剪截叫短截。短截又分为轻短截(剪除1/4)、中短截(剪除1/3~1/2)、重短截(剪除2/3)、极重短截(基部仅留几个瘪芽)。轻短截可促进芽的萌发,形成较多的中短枝和叶丛枝,主要用做培养枝组;中短截可提高萌芽率和成枝率,促进生长势,主要在幼树培养树形时主枝延长头上采用;重短截和极重短截一般剪截后萌芽率和成枝率相对较低,生长势较弱,主要用于培养结果枝组。

(3)疏枝 将1年生或多年生枝条从基部剪除的方法叫疏枝。冬季修剪时常采用。主要是对病虫枝、枯死枝、过密枝、徒长枝、衰老枝、重叠枝等进行处理。通过疏枝可以减小枝条密度,改善树体的通风透光条件,增强光合效能,减少病虫害,提高果实的综合品质。

(4)回缩 对多年生枝条于分枝处进行剪截称为回缩,又称缩剪。主要在冬剪时应用。对衰老枝组、下垂枝组、单轴枝组延伸过长、辅养枝影响主枝生长、树体之间相互交接等均可采用回缩的方法;同时,也可用于培养较大型枝组、多年生枝换头、老树更新等。

培养枝组时,先是将枝条长放 2～3 年,待中、下部长出中、短枝时,再进行回缩,即可培养成一个枝组。

(5)长放 对 1 年生枝条不进行修剪叫长放。缓放可以缓和枝条的生长势,使萌芽率提高,更容易形成中、短枝,有利于形成花芽。幼树及初结果树,通常生长比较旺盛,长枝多,应以长放修剪为主,促进早结果、早丰产。

2. 梨树夏季修剪有哪些常用手法?

(1)抹芽 也叫除萌,即在芽体萌发或新梢长出后,对不需要的芽或新梢及时抹掉或疏除的修剪方法。抹芽从萌芽到秋季落叶前都可进行。主要处理对象包括轮生部位、背上芽、过密枝、竞争枝以及冬季疏枝剪口下的嫩芽或新梢,这些嫩芽和新梢生长旺盛,如不及时抹除,将影响通风透光并消耗大量的养分。

(2)拉枝 将梨树枝条人为地拉到所需要的一定的角度的方法。由于梨树本身具有直立生长的特性,要改变枝条的生长角度必须通过人工拉、撑、扭等措施,达到人们所需要的树形。通过开张角度,控制枝条的顶端优势,缓和树势,改善树体光照条件,利于花芽的形成。开张角度最佳时期是 5 月上中旬至 6 月上旬,这一时期,枝条较柔软,不易劈裂。缺枝的部位可用扭枝的方法从对面借过来。拉枝切记要找准枝条的受力部位,不能拉梢部,形成弓背。

(3)拿枝 用手捏住枝条从基部向梢部轻轻捋动,伤及木质部,能听到"嘎巴、嘎巴"的声响,但不折断为好的方法。拿枝可改变新梢角度,阻碍养分向下运输,缓和生长,提高萌芽率,促进中、短枝和花芽的形成,培养成结果枝组。时间一般在 6 月下旬至 7 月末。拿枝对象包括辅养枝、竞争枝和生长较旺的枝条。

(4)摘心 在生长季节,摘除新梢顶端幼嫩部分称为摘心。摘心可削弱枝条生长势,促生分枝,促进枝芽充实或形成花芽,提早结果;幼树整形期通过摘心可加速整形过程;果台副梢摘心可提高坐果率;也可用来培养小的结果枝组。摘心时间一般在急需养分的关键期进行,新梢长度20～25厘米时进行第一次摘心,摘心后发出副梢,当副梢长度10厘米左右时,进行第二次摘心。

3. 梨树单层高位开心形树形结构是怎样的?

梨树单层高位开心形适合乔砧密植梨园,具有成形快,结果早,容易管理等特点。

树体结构见图9。干高60～80厘米,树高3米。在中心主枝上均匀地排列枝组基轴或枝组。基轴长度30厘米以下,于中心主枝或基轴上着生10～12个健壮长放枝组,基部枝组与中心干呈70°,顶部两个枝组反弓弯拉成80°,中心领导干高1.6～1.8米。

图9 梨树单层高位开心形树形示意图

4. 梨树单层高位开心形树形怎样进行修剪?

1～3年生树修剪要点:栽植后定干高度80～100厘米,同一行

内,剪口下第一芽方向要保持一致。主干高度 60～80 厘米,抹除
50 厘米以下的所有枝条。前 2 年,新梢长度 30 厘米以下不短截。
30 厘米以上进行短截修剪。并对保留芽"目伤"3～6 个。分枝长
度在 30 厘米以下及细弱枝不剪截。30 厘米以上壮枝进行重短截
修剪,促发新枝。

　　3 年生树修剪要点:顶梢长度在 50 厘米以下及长细弱枝,回缩
到 2 年生健壮直立枝并短截。长度在 50 厘米以上的粗壮枝,进行
短截修剪。全树 100 厘米以上的分枝数达 10～12 个且生长正常
均衡时,可全部长放。对缺枝部位可短截并在缺枝部位选芽进行
"目伤"。为促进花芽形成可于 5 月上旬,对长放健壮枝进行环刻,
全树环刻枝数不宜超过长放枝的 1/3。直立长放枝于 7 月份进行
拉枝,减弱旺势。

　　4～6 年生树的修剪要点:为调整枝组的生长势力,解决生长
与结果的矛盾。过壮和直立枝组应进行重回缩;疏除背上直立枝
组;有计划地适当回缩已结果的长放枝组;精细修剪中、小型枝组
去直留平,保持健壮生长,防止光秃,实现枝组围绕主轴轮替结果。

5. 梨树疏散分层形树形结构是怎样的?

　　疏散分层形树形骨架牢固,层间距大,结果部位多,分布均匀,
主、侧枝开张角度大,冠内通风透光良好,产量高。多用于树势强、
树冠大、干性强、较开张形的品种的乔砧稀植园。

　　树体结构见图 10。树高在 5 米以内,主干高度 60～70 厘米。
主枝数一般为 6 个,第一层 3 个,第二层 2 个,第三层 1 个。一、二
层间距 100 厘米左右,二、三层间距 60 厘米左右。主枝开张角度
70°左右。同层主枝间水平夹角 120°左右,上、下层主枝选留以不
重叠为宜。最上层主枝选出后及时落头开心,以打开光路,控制树
体生长。第一层每个主枝上留 2～3 个侧枝,第二、第三层一般留
2 个侧枝,与主枝的分生角为 45°左右。

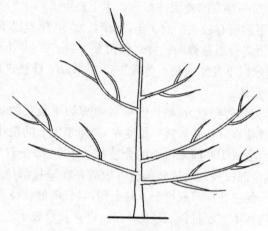

图 10　梨树疏散分层形树形示意图

6. 梨树疏散分层形怎样进行修剪？

定植当年，距地面约 90 厘米处定干，剪口下一般要求有 10 个左右的饱满芽，对于成枝力弱的品种应选芽"目伤"，保证在整形带内长出 4~6 个长枝。第一年冬剪时，选择直立的、顶端生长较旺的枝条作中心领导干，在约 60 厘米处短截，并疏除中心领导干的竞争枝。在整形带内选留 3 个方位好的枝条作为主枝，在 50 厘米处短截，剪口芽选外侧饱满芽，其他的枝条尽量缓放。第二年以后每年冬剪时，对中心领导干在 50~60 厘米饱满芽处短截，随着中心干的生长，分别选留第一、第二、第三层主枝，每年留 40~50 厘米短截，同时注意在主枝上选留侧枝，留适当长度短截。密生枝、徒长枝根据情况疏除或重短截；其他枝条一般长放不剪。生长季节注意拉枝开角，及时疏除萌蘖枝、竞争枝等。

7. 梨树纺锤形树形结构是怎样的？

纺锤形树形适于密植梨园。一般行距 3.5～4.0 米,株距 2～2.5 米。

树体结构见图 11。树高不超过 3 米,干高 60 厘米左右。在中心干上着生 10～15 个小主枝。从主干往上螺旋式排列,间隔 20 厘米左右,错落着生,均匀伸向四面八方,同侧两个小主枝间距 50 厘米左右。小主枝与主干的夹角 70°～80°,在小枝组上直接着生小结果枝组。修剪以缓放、拉枝、回缩为主,很少用短截。

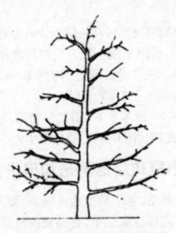

图 11　梨树纺锤形树形示意图

8. 梨树纺锤形树形如何进行修剪？

定植当年定干高度 80 厘米左右,中心干直立生长。第一年不抹芽,在中心干 60 厘米以上留 2～4 个方位较好、长度在 100 厘米左右的新梢,新梢停止生长时进行拉枝,一般拉成水平状态,将其培养成小主枝;冬剪时中心干延长枝剪留 50～60 厘米。第二年以后中心干延长枝一般剪留40～50厘米,仍然按第一年的方法继续培养小主枝,小主枝上培养结果枝组。经过4～5年,该树形基本成形,中心干的延长枝不再短截。当小主枝已经选够时,就可以落头开心。为保持2.5～3.0米的高度,每年可以用弱枝换头,保持良好的树势,并注意更新复壮。及时疏除中心干上的竞争枝及内膛的徒长枝、密生枝、重叠枝,以维持树势稳定,保证通风透光。

9. 梨树小冠疏层形树形结构是怎样的?

梨树小冠疏层形多用于中密度梨园。株距3～3.5米,行距4～4.5米。

树体结构。小冠疏层形树高一般为3米左右,干高60～70厘米,冠幅3～3.5米,树冠呈馒头形。全树共培养6～7个主枝,分3层配置。最下部一层,3个主枝,层内距30厘米左右;第二层2个主枝,层内距20厘米左右;第三层1～2个主枝。第一层与第二层主枝之间间距在80厘米左右,第二层与第三层主枝之间间距60厘米左右。主枝上不着生侧枝,直接着生大小不等的枝组。

10. 梨树小冠疏层形树形如何进行修剪?

幼树修剪。定植后,定干高度为80～90厘米,剪口以下保留8～10个饱满芽。定植后第二年,在长成的枝条中选择3个角度比较好、生长粗壮的枝条作为第一层主枝,三大主枝之间互成120°,主枝延长枝冬季修剪时剪留长度40～50厘米。以后每年按树体结构要求选配各层主枝和枝组。最上层主枝选留后,即应落头开心,树高不超过3米。主枝以外的枝条培养成枝组或作临时或长期辅养处理,采取短截、甩放和生长期修剪等多种方法,促生新梢,增加枝量,培养结果枝组。运用撑、拉等方法,开张角度,控制旺长,改善光照,促进结果。

初果期树修剪。对各级骨干枝延长枝继续短截以扩大树冠。

注意培养和控制辅养枝,疏除过多密挤内膛枝,采取先截后放或先放后缩或连续长放等方法,培养大、中、小型结果枝组。充分利用生长季修剪方法,控旺促壮,达到早结果和优质丰产之目的。

盛果期树修剪。常用的修剪方法有拉枝、疏枝、短截、长放。前3~4年的幼树期,应遵循"轻剪多留少疏枝"的原则,每年选好骨干枝延长枝头,进行中短截,促发长枝,加速扩冠。进入结果期后,生长与结果的矛盾变得突出,关键是调整树势,保持树势中庸健壮,实现高产稳产。对于旺树,采用缓势修剪法,即多疏少截,全面缓放。对于弱树,采用助势修剪法,即多截、少放、重缩、轻疏;去弱留强,少留花果。

11. 梨树开心形树形结构是怎样的?

开心形多用于大树改接换优的梨园,这种树形是引进梨新品种,进行大树高接换优后采用的新树形。梨树开心形一般保留原树形下层基本树体结构,保留3~4个主枝,主枝上可配备1~2个侧枝,全树只有一层,树高不超过2.5米,类似于桃树三主枝开心形树形结构。梨树开心形有以下优点:一是枝势生长均衡,枝量和果实分布均匀,透光性好,果品质量高;二是便于高接、人工授粉、疏花疏果、果实套袋、整形修剪、果实采收等工作;三是可以节省大量的人力、物力和财力。

12. 梨树开心形树形如何进行修剪?

在进行高接以前,需要对树体进行整形修剪,主要是将中心干从第一层主枝以上锯掉,仅留3~4个主枝,主枝上再分侧枝和枝组,重度回缩后进行高接换头。

高接枝条成活,接口充分愈合后,首先用竹竿作支架,绑缚新梢,使其向一定的方位生长。这样,既可以使之布满空间,也可以降低枝条生长势,促进花芽的形成,同时可避免大风吹折新梢。

冬剪时可借鉴桃树开心形的整形方法,采用三套枝或两套枝修剪法。即一部分枝用来当年结果;一部分作为预备枝继续缓放,促成花芽,为第二年结果做准备;另一部分枝重短截,促生健壮新梢,为第三年结果做准备。

13. 梨树如何进行棚架栽培?

棚架栽培特点是枝叶分布均匀,通风透光良好,果实品质好;有固定的支架作支撑,使树体的承载能力和抗风力大大加强,降低落果率;果实大小均匀、整齐,果形端正,外观品质高;便于田间操作,提高工效等。缺点是前期投入高。由于其具有很多优越性,棚架栽培模式在日本、韩国经久不衰。近年来,在我国一些经济发达地区,也开始采用棚架栽培模式。棚架栽培适合生长势相对较弱的品种。

棚架的搭设。在日本、韩国,棚架栽培的架材主要用水泥柱、吊杆、钢绞线、铁丝等。四周每 4 米埋一个水泥柱,向外倾斜;园内每隔 8 米立一根 6 米高的金属吊杆,每 667 米^{2}需吊杆 6 根;每隔 4 米拉一根钢绞线作为主骨架,再每隔 1 米拉一根 8 号镀锌铁丝,结成网状;从吊杆上斜拉 8 道铁丝,将网格吊起,使架面保持水平。棚架高度为 1.8~2.0 米。

我国在引进上述技术的基础上出现了改良式棚架栽培技术,方法是用水泥支柱作支架,每隔 8 米栽一排,一排中每隔 4 米立一根支柱,每 667 米^{2}需 20 根。用水泥支柱作支架,节约了成本,较日本棚架模式节约架材投入 20%左右。

14. 梨树棚架栽培如何进行修剪?

梨苗定植后定干高度 0.8~1.0 米,剪口下 3 个饱满芽分别位于 3 个不同的方向,培养成 3 个主枝。开张角度为 45°,3 个主枝之间互成 120°。为加速成形,在生长季节,背上直立徒长枝及时抹除,保证主枝健壮生长。当年冬剪时,在主枝延长枝饱满芽处短截,影响主枝生长的枝条全部疏除,注意适当抬高主枝延长头的角度。第二年夏季修剪,主要是抹芽和疏枝,防止主枝产生竞争枝。在背斜侧,着手培养侧枝,第一个侧枝距离主干1米左右,主、侧枝的粗度比例为7∶3,每个主枝上的第一个侧枝必须在同一个方向,避免交叉。第二根侧枝距第一个侧枝80厘米左右,二者不在同一侧。

第二年冬剪时,仍是在主枝延长头饱满芽处短截,背上的徒长枝、竞争枝全部疏除,只留背斜层的枝条,水平绑缚在架面上。以后每年的整形修剪方式与第二年基本一致,只是开始在侧枝上培养枝组。为了尽快成形,3年之内不能结果,疏除所有的花芽,并从第四年开始利用辅养枝结果。注意做到主枝上均匀分布侧枝,侧枝上均匀分布枝组。主要用枝组结果,一般枝组5～10年更新一次。

冬季修剪疏除背上枝、过密枝、徒长枝等,隔一定距离留一个背斜侧枝,均匀分布在枝条的两侧;一部分短截,并拉开角度;一部分长放,待放出花芽后,再拉枝。

夏季修剪主要是拉枝,绑缚到架面上,并抹芽、疏枝,减少养分的消耗,促使剩余枝条进一步充实,利于花芽的形成。

15. 梨树怎样进行目伤、段刻及环刻?

(1)目伤 在梨幼树整形阶段,为了提高1年生枝的成枝力,于春季萌芽前,在短截枝的剪口下,从预计不能发出壮条的最上1个芽位开始,向下的第3～4个芽位上方0.5厘米处,用剪枝剪刻2道月牙形伤口,深达木质部,这个方法叫"目伤"。如鸭梨1年生枝留6个侧芽短截后一般第1～2芽可发出壮枝,第三芽以下则生长较弱,可从第三芽开始将3～6芽目伤,一般可刺激增加3～5枝。这种方法也可用于2年生枝回缩,在下部短枝部位的上方"目伤"也能发出健壮新枝。"目伤"的芽或枝距离剪口越近发枝越壮、越长;反之,则较弱、较短。

(2)段刻 梨幼树在整形阶段,在春季发芽前对长度在 1 米以上的健壮 1 年生枝的中部,每隔 50 厘米左右在两个侧芽的上部用剪布的剪刀刻一圈,深达木质部,这种方法叫段刻。段刻后在刻口的下部可发出 1～2 个壮条。段刻后长放枝既能成花,又有分枝,使结果与分枝同时完成。注意段刻时一定要在健壮枝上进行,细弱枝段刻后将会出现下粗上细的现象,容易造成枝条从刻口处折断。

(3)环刻 为了促使梨长放枝形成花芽,当梨进入结果期时,于落花后 15～20 天,在长放枝的基部,用刀刃较厚的刀具(如电工刀)刻两圈,两圈间距 2 厘米。这种方法叫环刻。因为梨树树皮愈合能力差,所以梨树上极少采用环剥促花技术,一般用环刻法代替。因梨树多数品种容易成花,所以用环刻技术完全能满足梨树成花需求。对于一些不容易成花的品种,一般可多刻 1～2 圈即可。环刻时要注意选择环刻部位,刻口要躲开枝条的着力部位,选在着力点的下部,可防止枝条出现折断现象。

16. 如何划分梨树经济年龄时期？各时期整形修剪特点？

现生产中梨树多采用密植栽培,密植梨树经济年龄时期可划分为 4 个时期,即成形期、压冠期、丰产期和复壮期。在栽培管理上要针对各个不同时期的生长结果习性,按照生长与结果的对立统一规律,因树制宜地采取相应措施,利用生长与结果间的相互制约关系控制树冠、维持树势,同时采用相应的栽培管理技术,使生长与结果相互适应,实现生长与结果的相对平衡,达到连年丰产的目的。

同时,要注意各个经济年龄时期的界限并不是截然分开的,各期之间是有重叠的,这就要随着树体的生长和结果情况及全园的群体状况,确定相应的配套栽培技术。

(1)成形期 定植后至 3 年生左右为成形期。这个时期的主要任务是促进树体旺盛生长,使之尽快成形,建成一个生长旺盛、具有一定枝叶量的群体,为以后丰产打下基础。所以,该阶段是以生长为主。通过采用有利于分枝及增加叶面积的措施,建立牢固的树体骨架,打好树形基础。当枝组按整形的要求配备齐全时成形期结束。

(2)压冠期 梨树一般从 4~5 年生开始,直至叶幕布满有效空间、幼树贪长习性有所减弱时为压冠期。一般管理条件下,该期可延续至 8~9 年生。该期的主要任务是在树势健壮的基础上,采用有利于成花、结果的技术措施,通过结果量的调整,抑制幼树的贪长习性,使生长与结果相互适应,并通过一定的整形措施,控制树冠高度,通过大量结果使树势趋于稳定,也就是以果压冠。

压冠期开始的早晚很关键,压冠过早,容易形成“小老树”,虽然能早结果但不容易实现丰产;若压冠过晚,则树体生长过旺,容易形成全园郁闭,不利成花,果实品质下降。

(3)丰产期 梨树经过压冠期树势趋于稳定,进入丰产期。此期叶面积系数较为稳定,保持在适宜范围内,产量较高而稳定。丰产期持续的长短与管理水平极为密切,管理水平高则该期持续时间长。修剪上要注意平衡树势,调整好结果、生长、成花之间的关系,使枝组配置合理,分布均匀。管理上要合理负载,搞好土肥水管理,尽量延长该期的持续时间。

(4)复壮期 随着树龄的增长,树体营养生长必然减弱。当树势呈现衰弱时,可采取更新复壮技术,及时恢复树体营养生长,保持一定的产量。复壮期出现的早晚与管理水平关系密切,梨树栽培的目的就是采取一切技术措施延长丰产期,推迟复壮期的到来。

17. 梨树如何拉枝?

梨树顶端优势明显,当枝组直立生长时,会形成上强下弱,从大枝、中枝基部开始光秃,造成结果部位很快外移,果实的产量和品质都会降低。角度开张后,由于各个枝组生长势力趋于一致,枝组上、中、下各个部位都可以得到相对均匀的营养和光照,可保证枝组丰满,分布合理,立体结果。所以,梨树开张角度是非常必要的。一般梨树要求枝组与中心主枝角度为 70°~80°,粗壮的枝组角度适当大些,偏细弱的枝组角度适当小些。掌握结果后枝组角度为 80°~90°为好。

(1)拉枝时间 一个枝组长到长度达 2 米左右时,可于 6 月下旬至 7 月初拉枝。如枝组长度过短,则顶端生出的壮枝还将会直立生长;如枝组过长,往往因粗度较大不容易拉开。

(2)拉枝方法 一般以用绳索绑缚、地面钉木桩的方法较实用。拉枝时绑缚的部位要选择在枝组着力点上,即拉枝时能够使全枝整体开张角度的受力点,这样拉出的枝角度平直。如果拉枝点在着力点上方,不容易拉开基角;拉枝点在着力点下方,不容易拉开,且力量过大时很容易将枝拉劈。

(3)反弓弯拉枝 如果枝组生长角度过小,如小于 30°,或生长在树体优势部位,可采用"反弓弯法"拉枝。即拉向枝组生长的相对方向,这样不容易造成枝组劈折。因这些枝往往生长旺盛,可分两次拉枝。第一次在枝长 1 米左右时拉枝,角度不宜过大,一般掌握拉出基角即可;当枝长达 2 米时再进行第二次拉枝,由于基角已经拉出,第二次拉枝很容易进行,可拉出理想的角度。

(4)其他拉枝方法 其他拉枝方法有枝与枝之间别枝法、支棍顶法、绑缚树干法、吊重物法等,这些方法虽然省力,但不容易拉出理想的角度。

18. 高接换优梨树如何进行整形？

随着梨树品种结构的调整,近几年采用传统品种鸭梨、雪花梨高接换优技术,新发展了一批早、中、晚熟梨新品种。但由于果农不懂梨树高接后的整形修剪技术,常造成枝条生长密集、树形紊乱,果实品质下降,病虫害严重等问题。所以,高接后的梨树也应根据品种特性及栽培密度等因素进行合理的整形修剪,使树体枝组配置合理,通风透光,管理方便,才能实现优质高效。

高接树多在原来的树体骨架上采用多头嫁接,基本保持了原树的形状,生产中可按近似纺锤形、单层高位开心形、小冠疏层形进行整形。由于高接梨树不是从幼树开始整形,所以很难整成上述理想树形。生产实践中要根据栽植密度、品种灵活运用,按近似树形整形,切不可死搬硬套,强行改造。

19. 梨树如何进行高接换种？

梨树高接适龄母树宜选用 20 年生以下的健壮植株。高接换种最佳果园的株行距是密植梨园。高接后当年或翌年成花、第二年或第三年即可获得较高的产量。中冠梨园也可取得较好的效果。稀植园效果较差。

河北省高接母树主要品种是鸭梨和雪花梨。其中鸭梨对接穗品种的适应性相对较强,高接白梨系或砂梨系品种高接后生长均较健壮。在雪花梨上高接砂梨系品种后生长偏弱。

接穗应选用健壮植株上无病虫害的成熟枝芽。芽接的接穗于 8 月上旬芽体充分成熟时采集。枝接于落叶后至春季芽萌动前采集。春季枝接用的接穗要及时贮藏,可用薄膜包严埋于冷凉处或存放于果品冷库内。

高接后树形可按原树形的大致结构进行,不必拘泥于标准树形,树体高度一般要控制在 3.5 米以下。中心主枝的接口高度应在 1.5~2 米之间。其他分枝凡直立者全部在不高于中心主枝接口的高度落头。

春季高接的最佳时期是从母树花芽萌动后鳞片露绿至开花前,可提前至 2 月中旬树液流动期进行;补接可在当年 8 月上中旬在母树萌生的有生长空间的新梢上进行。

嫁接时锯口部位直径在 4 厘米以上的采用插皮接或靠接的方法进行嫁接。根据锯口的粗度接 2~6 个双芽接穗,这样既可生长健壮又能促进伤口愈合。母树的骨干枝凡在距地面 0.8~2 米范围内的斜生及水平枝留量长度应在 2 米左右。在骨干枝上两个相邻的嫁接部位为 20 厘米左右。尽量选择背斜上方或侧面的分枝上嫁接,每接穗留 1~2 芽。使接芽错落分布在骨干枝上。不同类型的直径大于 2 厘米的分枝,可将其剪短进行切接。直径 2 厘米以下的分枝进行腹接、切接或带木质芽接。

20. 梨树高接换种后如何进行管理?

高接后一是要及时解缚,枝接后绑缚物要在其嵌入愈合组织前解缚。过晚不仅易于劈折,生长势也将受到影响。二是新生枝的绑缚要当新生枝长至 30 厘米左右时,采用立支柱、搭网架等方法将新生枝固定,以防大风刮折。

因嫁接时将原树许多大枝锯除,造成发芽后树体枝叶量锐减,进一步造成大量根系因叶片制造营养不足而死亡,影响地上与地下的生长不平衡,反过来影响根系对新枝生长的营养提供。所以,新生枝长出后,要在 5 月上中旬进行 1 次追肥,追肥以氮肥为主即可,如可每 667 米^2 施尿素 20 千克,以促进新发枝迅速健壮生长。

嫁接后要及时防治病虫害,尤其要注重防治梨茎蜂、梨蚜、梨木虱及叶部病害等,保护好新生枝的叶片,使树冠迅速扩大。

嫁接未成活的部位,如有萌蘖可留下,在夏季或第二年春季进行补接。

在嫁接当年的 7 月下旬至 8 月上中旬拉开新生枝的角度。对 2 米以上的新生枝拉枝与中心主枝呈 60°～80°角；2 米以下的新生枝先拉开基角。全枝与中心主枝的夹角在 45°以下。当翌年全枝长度达 2 米以上时再按标准拉开。

冬季修剪时第一年根据树形要求，在缺枝部位对健壮 1 年生枝短截促发新枝。其他枝全部长放，促花结果。第二年以后以培养枝组为主，按适宜树形进行整形修剪。

结果后采用合理负载、疏花疏果、套袋、合理肥水、及时防治病虫害等常规技术进行管理即可。

21. 高接换优梨树如何进行修剪？

高接梨树的修剪技术基本原则是平衡枝势，通风透光，大、中、小枝组合理搭配，及时更新复壮。一般生产中高接梨新品种有萌芽率高、成枝力低（如黄金梨），萌芽率中等、成枝力中等（如黄冠梨），萌芽率高、成枝力高（如西子绿）的共同特点。生产中其他树种可按枝芽特性参照该 3 个品种的修剪特点进行修剪。

(1)高接黄金梨的修剪特点 黄金梨整形关键期在第一年。嫁接成活后，在缺枝部位要适当短截，促发分枝，补充空间，其余枝以长放为主。黄金梨枝条较软，结果易下垂，所以拉枝角度不宜过大，一般拉至 45°角即可，最大不超过 60°。黄金梨极易成花，且连续结果能力强，丰产期高接树应适当剪除部分簇花枝，控制背上枝；缓放成花后要及时回缩复壮。大、中、小枝组围绕主枝搭配合理即可。黄金梨成枝力低，且结果后不易发出新枝，在修剪中要注意更新，做好轮替结果。

(2)高接黄冠梨的修剪特点 黄冠梨修剪中应以多留长放为主，尽量不短截。缓放枝条类型为中庸枝。黄冠梨生长势旺，容易造成树体上强，下部光秃，拉枝角度以 70°～80°为宜。修剪中注意全树生长势要均衡，背上枝高度控制在 40 厘米以下。黄冠梨连续结果能力差,容易造成枝条中下部光秃,修剪中应注意经常更新,丰产期高接树对于中枝可采用破顶芽技术,促发分枝。

(3)高接西子绿的修剪特点 西子绿修剪以长放为主,除缺枝部位外一般不短截。西子绿当年生枝条较壮,但长放后易变弱。拉枝角度以 60°～70°为宜。西子绿中、长枝比例较大,可适当增加疏枝比例,对背上枝、过密枝一般可疏除。枝组以培养大、中型为主。西子绿枝条结果后易下垂、变弱,所以成花或结果后要及时回缩。

22. 密植梨园如何进行树形改造?

当前生产上梨树栽培多采用密植方式,但由于密植梨树整形修剪技术推广不到位,许多密植梨园存在"密植稀管"的整形修剪问题,造成树体高大,生长直立,树体郁闭,内膛空虚,产量低,品质差等问题;且树龄越大,问题越突出。对于该种梨园的树形改造宜早不宜迟。一般主要从以下几个方面进行改造:

(1)控制树高 树冠高度掌握在行距的 60%～80%,如行距 5米,则树高控制在 3～4 米。修剪上要对中心主枝和生长旺盛直立的主枝进行回缩或落头。

(2)开张角度 对原有主枝要改造为枝组。角度直立时需利用背后枝开张角度,注意在背后枝上方必须留根枝回缩,以防劈裂。角度在 90°范围内越大越好。

(3)大枝轮替回缩 一般分 2～3 年完成。第一年对中心主枝落头,个别壮枝重或极重回缩;第二年选较壮枝进行重或中回缩;第三年对其他剩余枝再进行不同程度的回缩。

(4)枝组配备 对过密枝组进行极重回缩或重回缩,对生长位置较好的枝组进行长放,采用放缩结合的方法,使全树枝组大、中、小型枝组分布均匀合理。

(5)1 年生枝处理 尽量不短截,采用放缩结合的方法,培养成枝组。枝头的1年生枝过密时,可去壮留弱回缩或疏间。

"密植稀管"梨园经过树形改造,可使之接近小冠树形如单位高位开心形、纺锤形等树形的树形结构,各类枝组分布合理,生长势均衡,通风透光良好,实现连年优质丰产。

23. 中冠梨树如何修剪?

现在新建梨园多采用密植栽培,由于梨树经济年龄时期较长,现生产中仍存部分中冠、大冠梨园,有其特有的整形修剪方式。中冠梨树一般是指单株梨树占地面积在16~35米^{2}的梨树,如栽植密度在株行距3米×5米以上、5米×7米以下的梨园,属于稀植栽培范围。中冠梨树多采用传统稀植梨树整形修剪技术,幼树时侧重于整形,忽视了树高和开张角度,造成树体抱头生长、树冠过高。对于这种树首先要进行"落头"处理,高度控制在不超过行间距离的60%~80%,如行距6米则树高不超过3.6~4.8米,以通风透光。同样,对于主枝角度过直立过长的,要选择背后枝、背侧枝进行落头,开张角度。中冠梨树的枝组配置,对于生长较弱的枝组,可采用先放后缩的方法恢复生长势,过弱枝组必须进行回缩更新。随着树龄的增长,全树的结果部位会逐渐外移,当两个相邻的大、中型枝组同时外移时,可对其中一个较壮的进行重回缩,另一个轻缩,使两枝一前一后分别结果,合理占用空间。重叠枝回缩使一内一外结果,交叉枝回缩使一左一右分开结果。形成全树枝组分布均匀,轮替更新,长势均衡,丰产稳产。

24. 大冠梨树如何修剪?

大冠梨树一般是指单株占地面积在35米^{2}以上的梨树,如栽植密度株行距在5米×7米以上的梨园,属于稀植栽培。目前在一些传统梨树产区仍有栽培,主要是一些鸭梨、雪花梨及一些京白梨、安梨等产区,有着一定的产量。大冠梨树树形多为疏散分层形,往往树体高大,上强、下弱、中空是其特点。修剪中首先要控制树高,可采用对大、中枝轮替回缩的方法,使高度在保持一定枝叶量的前提下控制下来。例如,一株树上6个过大的大枝,第一年可将3个位置较高、生长较壮的大枝进行重回缩,回缩部位一定要保留较好的分枝;第二年对这些分枝采用短截或长放的方法,使之增加分枝级次或形成花芽;第三年注意调整分枝角度,通过不同程度的修剪,使之在降低了位置的分枝上成花结果。当这些枝组占据了一定空间的时候,再将另外3个大枝进行重回缩降低高度。这样一般经3年左右时间即可在不过多影响产量的情况下,将树冠降低,形成一个合理的树体结构。

控制上强对处于顶端优势部位的枝组和1年生枝在一般情况下不宜采用局部刺激过强的修剪方式,如短截、回缩、留壮枝等,特别是对1年生枝短截,会造成树冠外围连年延伸,形成外围郁闭,使下弱、中空更严重。正确的方法是在回缩降高具备一定分枝后,停止对1年生枝短截,采用去壮留弱,弱枝长放的弱刺激修剪方法,以推迟上强、下弱、中空的进程,保持一定产量。

六、梨树病虫害防治

（一）关键技术

1. 梨园病虫害防治有哪些原则和策略？

（1）防治原则　对梨病虫害防治措施，应遵循"预防为主，综合防治"的原则。应以农业和物理防治为重点，提倡生物防治，按照病虫害发生规律，科学使用化学防治技术；做好病虫害预测预报和药效试验，提高防治效果。

（2）防治策略　制定病虫害防治策略，必须从生态系统整体考虑，立足于生态学和环境保护的观点，根据害虫与天敌的相互依存和相互制约这一自然规律，优先利用自然因素，特别是保护利用天敌。同时运用农业技术、抗性品种、害虫不育技术和性引诱剂等，必要时施用无公害高效、低毒的农药控制害虫或其他有害生物，使其种群数量控制在经济阈值允许水平以下。在保护环境的前提下，做到经济、生态和社会效益同时受益。

2. 什么是人工防治？

人工防治就是利用病菌、害虫的某些特性如假死性、群居性、趋光性等，对这些病菌、害虫采取人工措施进行有效防治，达到防止病虫害大发生的目的。主要措施包括：对具假死性的害虫利用人工捕捉的办法防治；结合修剪，剪除病、虫梢（如梨瘤蛾）；刮除病疤和老粗皮防治干腐病及其他越冬病虫等；及时清扫枯枝落叶、病残僵果，能够大量消灭越冬病菌、害虫，显著降低病、虫基数，在一定程度上能够抑制病虫害的扩展速度。

3. 什么是农业防治？

农业防治是利用农业栽培管理技术措施,有目的地改变某些环境因子,使之不利于病虫害的发生发展,而有利于梨树的生长发育,或是直接消灭病菌、害虫,实现优质、高产、无公害的目标。

(1)选择抗(耐)病虫的品种及苗木 梨树不同品种间抗性差异十分显著,因此在选择优良品种的前提下,应选择抗(耐)病、虫的品种。各地应该根据当地的实际情况选择合适的品种。例如,老梨区一般黑星病严重,以选择抗黑星病的梨品种为主。

(2)树种的合理配置 任何一种害虫和病菌对寄主都有一定的选择性和转移性,建园前必须考虑树种的合理搭配问题,避免有相同病虫害或能加重病虫害发生的树种混栽。例如,避免梨与桃、李、苹果混栽,可以减少梨小食心虫、桃小食心虫、桃蛀螟相互传播;梨园周围不能栽植桧柏,可以防止梨锈病的大发生;梨园周围不能栽植枣树、刺槐,能够防止介壳虫相互传播等。

(3)注意合理密植 合理密植,是实现早果、丰产的重要方法,同时可改善田间小气候,恶化病虫害的生存环境,大大降低病虫害的发生量。例如,栽植过密,导致果园郁闭,通风透光能力差,湿度较大,容易引起病虫害的暴发流行;栽植过稀,常遭受天牛等蛀干害虫的危害。因此,合理密植也是减少梨树病虫害发生的主要措施。

(4)加强果园管理,清洁果园 结合修剪,剪除病虫梢。如在春季及时剪掉顶芽上的虫梢,消灭梨黄蚜;击毁黄刺蛾的虫茧,杀死其越冬幼虫。刮除病斑和老翘皮,消灭隐藏于树干上的越冬病菌和害虫。结合秋季施肥深翻土壤,提高土壤肥力和蓄水能力,改良土壤理化性状,使有机质含量达 2% 以上,促进树体健壮生长,提高树体抗病虫能力。

大多数梨树病虫害如梨黑星病、黑斑病、锈病等病害及梨小食心虫、梨木虱、梨星毛虫、梨花网蝽、山楂叶螨等害虫均在枯枝、落叶、僵果、杂草及粗皮中越冬。利用冬春农闲季节,将园内的枯枝、落叶、僵果、杂草及刮掉的树皮等清理干净,集中销毁,可以消灭大量的越冬病菌、害虫或虫卵,降低第二年的病虫基数。这一防治措施,是梨树无公害防治中一项重要的举措,必须认真实施。

(5)果园生草与覆盖 覆盖材料选用麦秸、麦糠、玉米秸、稻草等,行间种植绿肥选用苜蓿、草木樨、沙打旺、紫云英、三叶草和一些禾本科草类。改善果园生态环境,同时也能改善天敌的生活环境,利用天敌抑制害虫的发生。

(6)疏花疏果 严格执行疏花疏果措施,既可以直接疏除一部分病虫果,降低病虫基数,还可以保持与树体相适应的负载量,保持健壮树势,提高抗病虫能力。

(7)果实套袋 实施果实套袋技术,除可改善果实的外观品质、减少机械损伤外,还可以减少大部分病虫对果实的直接危害。如套袋后果实的果锈病、轮纹病等及梨小食心虫、桃小食心虫的发生都大大降低。但管理不善,极易造成黄粉虫、康氏粉蚧等入袋害虫的大发生,进行套袋栽培时需加强防范。

(8)采后处理技术 控制采后及流通环节的病虫污染,尽量不用或少用防腐剂和杀菌剂。

4. 什么是生物防治?

生物防治是利用自然界或人工饲养的有益生物或人工合成的信息激素防治病虫害的方法。该方法对人畜安全、对自然天敌有保护作用,不污染环境,无残留,是梨树无公害防治的最主要方法之一。生产上常用的生物防治方法如下:

(1)保护和利用自然天敌 常见的自然天敌有:瓢虫、草蛉、胡蜂、食蚜蝇、劣蝽、步行虫等捕食性昆虫及一些蜘蛛、捕食螨等;寄生性天敌主要有寄生蜂和寄生蝇。

(2)人工饲养和释放天敌 通过人工饲养的方法繁殖害虫的天敌,然后适时集中释放,对控制害虫的危害十分有效。目前国内赤眼蜂、瓢虫的饲养和释放已获成功,对抑制蛾类害虫及蚜虫的发生有很好的效果。

(3)利用昆虫激素防治害虫 目前在生产上应用的昆虫激素有桃小食心虫、梨小食心虫、梨大食心虫等的性外激素,可进行田间诱杀,直接消灭害虫,或者干扰害虫进行交配等,抑制害虫的繁殖。

(4)利用病原微生物(真菌、细菌、病毒)防治害虫的方法 如微生物杀虫剂:细菌杀虫剂苏云金杆菌、青虫菌6号等;真菌杀虫剂白僵菌、绿僵菌等;病毒杀虫剂中的核多角体病毒及微生物产物浏阳霉素、阿维菌素等;微生物杀菌剂:春雷霉素、井冈霉素、多抗霉素、嘧啶核苷类抗菌素等。

5. 什么是物理及机械防治?

是利用简单机械和各种物理因素如光、热、电等防治病虫害的方法。近年来,这类防治害虫的方法得到了很大的发展。

(1)利用昆虫的趋光性 利用梨小食心虫、金龟子、卷叶蛾等害虫的趋光性,安装黑光灯诱杀。生产中黑光灯的高度应高于果树。仅作为调查和统计依据时,根据果园大小,一个果园安装2~3盏即可;如果作为防治方法使用,应增大安装数量,一般每667米²梨园安装1~2盏,能起到较好的防治效果。

(2)利用昆虫的趋化性 每年春天梨芽萌动后,把红糖、米醋、酒精、水按1:1:4:16的比例混合搅匀,分装到广口瓶中,挂到梨树树枝上。进入害虫发生盛期,平均每个瓶子每天能诱到各种成虫几十只,主要有苹小食心虫、梨小食心虫、苹梢卷叶蛾、棉铃虫、金龟子、吸果蛾等。应用时,每株树挂2~3个瓶子,具有很好的诱捕作用。

(3)利用某些害虫的趋色性 有翅蚜对黄色有特殊的趋性,在发生盛期,每隔一定距离挂一块黄色板,涂上黏虫胶,可以诱杀大量的有翅蚜,大大降低梨树上的蚜虫数量。

(4)果实套袋 选择合适的纸袋,通过适时套袋,可以大大降低梨轮纹病、梨黑斑病、梨黑星病及梨小食心虫、桃小食心虫、椿象等病虫危害。

6. 什么是化学防治?

化学防治是利用化学药剂防治病虫害的方法,主要有喷雾、涂抹、土施等。目前,在我国植物的病虫害防治过程中,主要的还是采用化学法防治,尤其是影响严重的病虫害,还是必须使用的一种有效防治方法。但按照无公害栽培的要求,必须严格管理、使用农药,使其对环境和果品的影响降到最低限度。

化学防治首先应该加强病虫害预测预报,适时用药,尽量减少用药次数。通过田间的预测预报,指导化学防治的最佳时期;根据天敌发生特点,合理选择农药种类、施药时间和使用方法,保护天敌;严格按照规定的使用浓度、每年的使用次数及安全间隔期;不同种类的农药要交叉使用和合理混用,以延缓病菌和害虫产生抗药性,提高防治效果。

然后是抓住化学防治的关键期进行防治。梨树的主要害虫有椿象、梨木虱、梨黄粉虫、梨茎蜂、苹毛金龟子、黑星金龟子等,主要病害有轮纹病、褐腐病、干腐病等。这些病害和虫害都有一定的发生和发展规律,有一定的交叉性。因此,在防治不同的病虫害时,可以将发生期相同的不同病虫害结合起来防治,抓住防治关键期,尽量减少用药次数和用药量。一般梨树病虫害防治关键期有芽萌动前、开花前期、套袋前、幼果期等。生产中要根据具体害虫发生量决定是否喷药。

化学防治应该按国家有关规定喷药，无公害梨园禁止使用的农药包括：六六六、滴滴涕、杀虫脒、甲胺磷、对硫磷、甲基对硫磷、久效磷、磷胺、甲拌磷、氧化乐果、水胺硫磷、特丁硫磷、甲基硫环磷、治螟磷、甲基异柳磷、内吸磷、克百威、涕灭威、灭多威、汞制剂、砷类等。国家规定禁止使用的其他农药，也应按照有关规定应用。

7. 无公害梨园推荐使用的化学药剂有哪些？

在无公害果品生产中，提倡使用生物源农药（如苏云金杆菌乳剂等）、矿物源（如石硫合剂、波尔多液、硫磺悬浮剂等）和植物源农药（如烟碱川楝素水剂、除虫菊素、烟草水、鱼藤根、苦楝、大蒜、芝麻素、腐必清、混合脂肪酸铜等）；允许限量使用农业抗生素和如多抗霉素、嘧啶核苷类抗菌素；无公害梨生产国家标准推荐使用的杀虫、杀螨剂主要包括吡虫啉、毒死蜱、氯氟氰菊酯、氯氰菊酯、甲氰菊酯、氰戊菊酯、辛硫磷、炔螨特、四螨嗪等；杀菌剂主要包括烯唑醇、氯苯嘧啶醇、氟硅唑、亚胺唑、代森锰锌、三乙膦酸铝、代森锌等。具体使用准则，见表11。

表11　无公害果品生产中允许使用的农药种类和安全间隔期

农药名称	剂　型	稀释倍数	每年最多使用次数	安全间隔期（天）
杀螟硫磷	50%乳油	1000～1500	2	15
辛硫磷	50%浓可溶剂	1500～2500	3	30
乐　果	40%乳油	1000～1500	3	7
三唑锡	25%可湿性粉剂	1000～1330	3	14
联苯菊酯	10%乳油	3000～5000	3	10
毒死蜱	48%乳油	1000～2000	1	30
四螨嗪	50%悬浮剂	5000～6000	2	30
氯氟氰菊酯	2.5%乳油	4000～5000	2	21

续表11

农药名称	剂　型	稀释倍数	每年最多使用次数	安全间隔期（天）
氯氰菊酯	25％乳油	4000～5000	3	21
溴氰菊酯	2.5％乳油	1250～2500	3	5
顺式氰戊菊酯	5％乳油	2000～3000	3	14
甲氰菊酯	20％乳油	2000～3000	3	30
氰戊菊酯	20％乳油	2000～4000	3	14
噻螨酮	5％乳油	1500～2000	2	30
炔螨特	73％乳油	2000～3000	3	30
辛硫磷	50％乳油	1000～1500	4	7
马拉硫磷	50％乳油	1000	4	7
烯唑醇	12.5％可湿性粉剂	300～4000	3	21
氯苯嘧啶醇	6％可湿性粉剂	100～1500	3	14
百菌清	75％可湿性粉剂	600	4	20
异菌脲	50％可湿性粉剂	1000～1500	3	7
代森锰锌	80％可湿性粉剂	800	3	10
三唑酮	20％可湿性粉剂	500～1000	3	7
三唑酮	15％乳油	1500～2000	2	20
多菌灵	50％可湿性粉剂	600～800	3	20
多抗霉素	10％可湿性粉剂	1000～1500	3	7

（二）疑难问题

1. 梨黑星病如何防治？

(1)发生与危害　梨黑星病又名疮痂病，是梨树的一种主要病害，各梨产区均有发生。主要危害梨树地上部分所有绿色幼嫩组织，造成树叶脱落，影响树体的正常生长发育。染病的梨果经济价值大大降低。

(2)症状　在病部形成明显的黑色霉层。叶片染病后在正面发生圆形褪绿斑，逐渐变黄，叶背面产生辐射状霉层，严重时造成大量落叶。幼果染病容易形成早落或病部木质化形成畸形果。果实膨大后染病，常发生龟裂，伤口易被其他霉菌感染而腐烂。

(3)发病规律　病菌以菌丝和分生孢子在发病的枝条上或枝梢芽内等处越冬，也可以在落叶中越冬。在芽内越冬的菌丝，梨芽萌动时开始活动，到芽鳞开放时在芽或花朵上危害，并很快形成分生孢子，传播后成为当年初侵染源。它的发生和流行与空气湿度关系密切，与温度也有一定关系。空气湿度大，温度适中，有利于黑星病的发生和流行。梨树不同种和品种之间抗病性差异较大，中国白梨最易感病，日、韩梨次之，西洋梨较抗病。

(4)防治方法

①及时剪除病梢　梨树于5月份，及时剪除梨黑星病病梢，集中烧毁，减少菌源。

②化学防治　梨树花芽明显膨大期开始喷1次3～5波美度石硫合剂，花后每隔10～15天选用40%氟硅唑乳油8 000～10 000倍液、12.5%烯唑醇可湿性粉剂2 000～3 000倍液、70%代森锰锌可湿性粉剂1 000倍液喷雾防治。全年喷药5～7遍，雨水大的年份增加喷药次数。

2. 梨轮纹病如何防治？

(1)发生与危害 梨轮纹病又名粗皮病等,是我国北方梨区普遍发生的病害,主要危害梨树枝干和果实,少量危害叶片。侵染枝干,削弱树势,造成整株枯死;侵害果实导致果实腐烂,损失严重。

(2)症状 枝干染病多为2～6年生的枝干。开始时以皮孔为中心形成椭圆形或圆形的紫褐色病斑,中央突起,似高粱粒大小。发病重的枝干,病斑相连,表面粗糙,上部叶片提早脱落。果实染病多在近成熟时发病,从皮孔侵入,在皮孔处生成褐色斑点,后形成深浅相同的同心轮纹并向四周扩散,果肉软化腐烂。叶片染病,在叶片边缘处形成褐色小斑点,当病斑较多时,引起叶片干枯、脱落。

(3)发病规律 病菌以菌丝体、分生孢子器及子囊壳在被害落叶、病僵果和病梢上越冬。翌年春天梨树展叶后,产生分生孢子并成为初侵染源。病菌从幼果期开始侵染,一直持续到采收。北方梨区7～8月份雨水较多,气温适宜,对孢子的形成、传播、萌发均十分有利,侵入后经过1天多的时间便会出现症状,所以此时为发病高峰期。

(4)防治措施

①休眠季刮树皮,消灭越冬菌源。

②春季结合刮树皮于发芽前喷二硝基邻甲酚200倍液,消灭越冬菌源。对发病果园,可于花后喷施1∶2∶200波尔多液,或70%多菌灵悬浮剂800倍液＋10%混合氨基酸铜水剂400倍液,或12.5%烯唑醇可湿性粉剂2 000～3 000倍液进行防治,每15～20天1次,至采收前30天停止喷药。套袋栽培的梨园在花后至套袋前每10～15天连续喷2～3次。

3. 梨树腐烂病如何防治？

(1)发生与危害 梨树腐烂病又名臭皮病。主要危害梨树树皮，严重时可造成整枝或整株逐渐死亡。

(2)症状 该病主要发生在主干、侧枝和主根基部。染病初期受害部位呈水渍状，有的地方溢出红褐色液体，发出酒糟气味，在衰弱树上可穿透皮层达木质部，引起枝干死亡。

(3)发病规律 病菌在树皮上越冬。翌年春天气温回升时开始活动，产生孢子并借助风雨传播，多从伤口侵入。该病1年有2个发病高峰期，春季发生严重，夏季停止扩展，秋天再次活动，但危害较春季轻。老弱树发病重，幼树和强壮树发病较轻；树干阳面发病重，阴面发病轻；主枝分杈处发病较多。

(4)防治方法

①通过增加有机肥，合理负载，提高树体抗性，减轻该病的发生。

②刮病皮，涂药防治。刮除树体上的病组织和粗皮，可以选择的涂抹药剂有：8401抗菌剂10倍液，腐必清2～3倍液，5%菌毒清水剂30～50倍液，10%混合脂肪酸水剂5～10倍液等，1年连续涂抹3次，即可有效防治腐烂病。无公害栽培禁止使用福美胂等砷制剂。

③发病初期，刮净病皮，及时涂药。可选用45%晶体石硫合剂20倍液、2%嘧啶核苷类抗菌素水剂60～200倍液进行涂抹防治。

4. 梨根腐病如何防治？

(1)发生与危害 梨树根腐病危害梨树根系，以幼根为主。受害根系首先变成褐色，逐渐坏死，而后停止发育或腐烂。梨树根腐病主要危害梨树。

(2)症状 发病初期，梨树地上部位不显症状。当根系严重受损,呼吸功能减退,营养供应不良时导致地上部位顶梢开始枯萎,叶片变黄、脱落,最后整株树枯死。染病植株如遇连续降雨,果园受淹积水,病树经 1～2 个月即落叶死亡。

(3)发病规律 病菌常存在于植物根部,厚垣孢子可以存活在土壤中,侵染根系。该病多因苗期防护不当引起,抗病砧木在苗期也易感染。灌水和降雨是该病传播的主要途径,其次经带菌的农具或人为操作等方式也可传染。当寄主死亡后,病菌便在死亡的病组织中形成厚垣孢子并残存土壤中。

(4)防治方法

①将病株周围挖宽 40 厘米、深 60 厘米的沟进行隔离,防止传染其他梨树。

②将病树根部土壤用无病菌新土换掉,换土时视树体大小,拌入 70%多菌灵可湿性粉剂 0.25～0.5 千克杀菌。

③用 0.5%硫酸铜溶液或 3～4 波美度石硫合剂涂抹或用杀菌剂涂抹发病部位,日晒 1 周后用草木灰填入根系附近,用土埋严。

5. 梨褐斑病如何防治?

(1)发生与危害 梨褐斑病又名梨叶斑病、梨斑枯病。主要危害梨树的叶片和果实,一般不危害其他果树。

(2)症状 被害梨树叶片初期为白色点状斑,病斑上有黑色小粒点,严重时叶片坏死或变黄脱落,造成树体早期大量落叶。果实染病症状与病叶相似,随着果实的发育,病斑变褐色。

(3)发病规律 病菌以子囊壳或分生孢子器在落叶病斑内越冬。翌年春天,散射出子囊孢子或分生孢子开始传播。该病 4～6 月份发生,树势衰弱或降雨较多的年份容易发病。

(4)防治方法 梨树花后喷 70%甲基硫菌灵悬浮剂 800 倍液,或 50%多菌灵可湿性粉剂 600 倍液,或 50%苯菌灵可湿性粉剂 1500 倍液,或 1∶2∶200 波尔多液进行防治,每隔 15～20 天喷布

1次,连续喷2～3次。

6. 梨黑斑病如何防治?

(1)发生与危害 分布比较普遍,各梨区都有发生。梨黑斑病是日、韩梨最主要的病害之一,危害十分严重,造成的损失巨大。特别是二十世纪梨系列品种中,不抗病的品种被害最重,发病后引起大量裂果和早期落叶。

(2)症状 主要危害果实、叶片及新梢。嫩叶发病最早,初始时表现为针头大小的圆斑,以后逐渐扩大,呈圆形或不规则形。中心灰白色,边缘黑褐色,有时出现轮纹状,严重时病斑连成片,造成落叶。

果实发病,初期在果面上形成针头状斑点,逐渐扩大呈圆形或椭圆形,有时有同心轮纹,病斑略凹陷,表面生有黑霉。果面发生龟裂,严重时可达果心,易造成早期落果。

叶片的发病与果实发病十分相似,开始为小斑点,以后逐渐扩大,形成暗褐色病斑,表面生有霉状物。

(3)发生规律 病菌属半知菌亚门。病菌以分生孢子和菌丝体在被害叶片、果实或新梢上越冬。第二年春季产生分生孢子,借风雨传播。空气湿度较大时有利于孢子的萌发,穿破表皮或通过气孔、皮孔等侵入梨树的组织。嫩叶、幼果、新梢均容易感染。

(4)防治措施 梨树发芽前,结合防治其他病虫害,彻底喷布1次5波美度的石硫合剂,消灭树干上的越冬病源。生长季喷5～6次杀菌剂,主要选择最佳的防治时期,套袋前喷1次50%腑·锌·福美双可湿性粉剂,或10%多抗霉素可湿性粉剂1 000～1 500倍液,或70%代森锰锌可湿性粉剂600～800倍液,或1∶2∶240波尔多液等。

7. 梨锈病如何防治?

(1) 发生与危害 梨锈病又名赤星病、羊胡子,是梨树重要病害之一,在我国梨树产区都有分布。梨锈病菌多危害梨树的叶片、新梢、果实。如果周围有桧柏等寄主,春季多雨的年份,将导致叶锈病严重发生,几乎每个叶片都有锈斑,随着锈斑面积的扩大,叶片逐渐干枯、脱落。果实受害后容易形成畸形果。锈病除危害梨以外,主要的寄主是桧柏。

(2) 症状 发病初期,在叶片上出现黄橙色小斑,逐渐扩展为近圆形病斑。天气潮湿时,病斑表面可以流出黄色黏液,黏液干燥后,飞出无数的锈孢子进行传播。病斑多时导致叶片变黑,可引起早期落叶。病果生长停滞导致畸形,后期病部发生龟裂,引起落果。

(3) 发病规律 病原菌以菌丝体在桧柏病组织中越冬。该病流行与春季气候条件密切相关,3~4 月份降雨量较多,担孢子随风雨传播,容易引起该病的发生与流行,干旱少雨时发病较轻。在梨树展叶期至花瓣脱落、幼果形成这一段时间,如有担孢子散落到嫩叶、新梢、幼果上,条件适宜时,梨树即可染病。锈孢子只危害桧柏,不危害梨树,并在桧柏中越冬和越夏。

(4) 防治方法

①如梨树在桧柏、龙柏附近,在春季前应剪除桧柏、龙柏上病瘿,并喷洒 1∶2∶150 波尔多液。

②药剂防治。可以选用的药剂有:0.3~0.5 波美度石硫合剂、25% 三唑酮可湿性粉剂 1 500~2 000 倍液、12.5% 烯唑醇可湿性粉剂 3 000~5 000 倍液、40% 氟硅唑乳油 6 000~8 000 倍液、45% 晶体石硫合剂 300 倍液,在花前、花后进行喷雾预防。在疏果后果实锈斑出现前进行果实套袋,套袋前 5~7 天应喷 1 次杀菌剂。

8. 梨白粉病如何防治?

(1)发生与危害 梨白粉病是我国梨区广泛发生的一种真菌性病害,也是日、韩梨发生较多的一种病害,严重时造成苗木全部落叶。梨树白粉病多危害梨新梢、老叶,叶的背面生有白色粉状物。二十世纪梨系列及黄金梨等品种特别容易感染白粉病。受害植物除梨外,还危害桑、板栗、核桃、柿子等。

(2)症状 病斑似圆形,染病叶片背面有白色粉状物,一个叶片上有多个病斑,在病斑中产生黄色小点,严重时造成早期落叶。

(3)发病规律 病原菌以闭囊壳在落叶、短枝梢上越冬。该病主要发生在秋季,孢子借助风力进行传播,初侵染与再侵染以分生孢子为主,以吸器深入寄主内部吸取营养。植株过密、肥料不足、管理粗放的果园容易发病。

(4)防治方法 开花前、后各喷 1 次 15% 三唑酮乳油 1 500～2 000 倍液,或 70% 甲基硫菌灵可湿性粉剂 800～900 倍液,或 45% 晶体石硫合剂 300 倍液进行防治。

9. 梨干枯病如何防治?

(1)发生与危害 主要危害中国白梨和日、韩梨的砂梨,全国各大梨区都有发生。是枝干类主要病害,常引起枝干开裂,皮层腐烂或枯死,是一种毁灭性病害。

(2)症状 苗木和大树均可受害。苗木受害后,初始在茎干表面生有圆形、水渍状暗褐色斑点,后逐渐扩大,呈圆形、椭圆形或不规则形病斑,并逐渐下陷,病斑边缘与健皮之间常形成裂缝。后期病斑上生出很多小粒点。病斑在树枝干上逐渐扩大,最终导致树体干枯死亡。成龄树主干及分枝上均可发病,症状与幼树相似。

(3)发生规律 梨树干枯病以多年生菌丝体及分生孢子器在被害枝干上越冬。春季有雨水时,分生孢子借风雨传播,引起初侵染。病组织内的菌丝体在环境条件适宜时扩展很快。一般在 5 月上中旬开始扩展,至 6 月份天气温暖,病斑扩展加快。主要的侵染部位是伤口。

(4)发病条件

①温度　温度在 15℃～25℃,适于干枯病的发生。温度过高、过低均不利于此病的发生。一年有春、秋两个高发期。

②品种　白梨系统各品种和日、韩梨都是比较容易感病的品种。

③栽培条件　土壤贫瘠、地势低洼、土质黏重的果园,干枯病发生比较严重。相反,土层深厚、土壤肥沃、排水良好的果园发病较轻。

(5)防治措施　休眠期轻刮干枯病病斑,刮除树皮表皮即可。在梨树萌芽期,彻底喷布 1 次 5 波美度的石硫合剂或 50%胂·锌·福美双可湿性粉剂 800 倍液,保护树干。

10. 梨炭疽病如何防治?

(1)发生与危害　梨炭疽病又名苦腐病。主要危害梨树叶片、果实,也侵害枝条。一般仅危害梨树。

(2)症状　发病初期,果面出现淡褐色水渍状小圆斑,以后病斑逐渐扩大,颜色加深,凹陷,有颜色深浅相同的同心轮纹,病部果肉腐烂,有苦味,并呈圆锥状向果心处深入发展,严重时全果腐烂,病果脱落或干缩成僵果挂在果台上。病斑后期,表皮下形成许多稍隆起的小黑点,有时排列成同心轮状。被害的枝条多为衰弱的病虫枝,病斑深褐色、干缩,严重时枝条枯死。

(3)发病规律　病菌以菌丝体在病枝、病果上越冬,翌年气温升高时病斑上产生大量分生孢子,靠风雨传播,引起初侵染。果实被侵染前期,侵入的病菌呈潜伏状态,直到果实生长后期才逐渐发病。高温多湿天气病斑蔓延加快。氮肥过多、梨园低洼积水可加重病害的发生。

(4)防治方法

①春季萌芽前,喷 5 波美度石硫合剂,以消灭越冬病菌。

②果实套袋,防止轮纹病病菌与果皮接触,减少侵染。

③发病严重时,从 5 月下旬或 6 月上旬开始喷药,可以选用的药剂有:80%代森锰锌可湿性粉剂 1 200~1 500 倍液,75%百菌清可湿性粉剂 600 倍液。每隔 15~20 天喷 1 次药,连续喷施 3~4 次。

11. 梨小食心虫如何防治?

(1)发生与危害 梨小的分布十分广泛,各梨区均有发生。以幼虫危害梨果,多从萼洼、梗洼处蛀入,早期被害果蛀孔外有虫粪排出,晚期被害则无虫粪。遇到高湿环境,蛀孔周围常变黑腐烂。

(2)形态特征 雌虫体长约 7 毫米,翅展 13~14 毫米;雄虫体长约 6 毫米,翅展 12~13 毫米,灰黑色至暗褐色。触角丝状,前翅灰黑色,前缘有 13~14 条白色较细的钩状斜纹,翅面散生灰白色鳞片,足灰褐色,腹部灰褐色。卵扁平椭圆形,直径 0.5~0.8 毫米。初产时为白色,后逐渐变成淡黄色,中央有一黑点。老熟幼虫体长 10~14 毫米,桃红色。

(3)生活习性及发生规律 1 年发生 3~4 代,以三代和部分四代幼虫在果树根颈、枝干老翘皮下、裂缝处及土中做茧越冬。翌年 4 月上中旬开始化蛹,成虫发生期为 4 月中旬至 6 月中旬,发生期不整齐。卵主要产于中部叶背和嫩枝条上,散产,每头雌虫平均产卵 70~80 粒,每个叶片 1~2 粒。第一、第二代幼虫主要危害桃梢,第三、第四代幼虫主要钻蛀梨果,蛀入孔较小,入果后直达果心,并危害果仁。

(4)防治方法

①建园时,尽量避免梨树与桃树混栽,防止害虫相互传播,加

重危害。

②成虫发生期,用糖醋液(糖 5 份,醋 20 份,酒 5 份,水 50 份)诱杀;在越冬幼虫脱果前,在主干或主枝上绑草把或麻袋片,诱杀越冬幼虫;春节过后至梨树发芽前,彻底刮除老翘皮,及时清除被害虫果,集中烧毁或深埋,消灭越冬幼虫。

③每年的 5～6 月间,在桃树危害盛期,及时剪除受害的桃梢,集中销毁。

④保护和利用天敌,保护自然天敌小茧蜂、赤眼蜂等。或在整个卵期释放天敌赤眼蜂 4～5 次,每 667 米² 每次用蜂 2 万～3 万头,可有效地降低虫果率。

⑤药剂防治。卵果率达 1%～2% 时喷药,可选用 30% 桃小灵乳油 2 000～2 500 倍液、20% 甲氰菊酯乳油 2 000～3 000 倍液、2.5% 溴氰菊酯乳油 3 000～4 000 倍液进行防治,连续喷药 2～3 次,间隔期 15 天左右。

12. 梨大食心虫如何防治?

(1) **发生与危害** 在全国各梨区普遍发生。以幼虫危害梨花芽、花和果实。被害芽鳞片开裂、枯死;花、叶则枯萎;幼果被害后,蛀口处有虫粪。果柄部位常缠有大量的白丝,导致幼果虽变黑、干缩但不脱落,果农称之为"吊死鬼"。

(2) **形态特征** 成虫体长 10～15 毫米,翅展 20～27 毫米,灰褐色。头及触角深灰褐色,复眼黑色。前翅紫褐色,从前缘到后缘有两条波状横纹,将翅分为 3 段。腹部灰褐色。卵扁平椭圆形,直径 0.8～1.0 毫米。初产乳白色,近孵化时成暗紫红色。老熟幼虫体长 13～20 毫米,体背暗绿色略带紫色。头、前胸背板及臀板褐色或黑褐色。

(3) **生活习性及发生规律** 在河北省 1 年发生 1～2 代,以一至二龄幼虫在被害芽内做薄茧越冬。翌年花芽萌动时,越冬幼虫开始出蛰转芽危害,4月下旬转入幼果危害,5月下旬是危害盛期。每头雌虫产卵40～80粒。高温干燥的天气对幼虫、成虫均不利。

(4)防治措施

①农业防治 结合梨树修剪,早春及时摘除被害虫芽和"吊死鬼",消灭幼虫和蛹。在害虫转果期及第一代幼虫危害期,摘除被害果,集中深埋。开花前后及时摘下萎蔫花序,消灭其中的幼虫。

②黑光灯诱杀 根据成虫具有趋光性的习性,在越冬代成虫发生期,果园内安装黑光灯诱杀成虫。

③保护和利用天敌 梨大食心虫的天敌较多,主要有各种寄生蜂,对梨大食心虫的抑制作用很大,采取各种防治措施时,注意保护自然天敌。

④药剂防治 要抓住防治关键期,在越冬幼虫出蛰始期、幼虫转果期、第一代卵孵化盛期和第二代卵孵化盛期各喷1次药。可以选择的药剂有:喷50%杀螟硫磷乳油1 000倍液、2.5%溴氰菊酯乳油3 000倍液、20%氰戊菊酯乳油3 000倍液、48%毒死蜱乳油1 500倍液。

13. 桃小食心虫如何防治?

(1)发生与危害 在国内分布比较广,但以北部或西北部的梨、苹果、枣产区发生比较严重。幼虫蛀入果实后,从蛀入孔流出果胶状的物质,不久干枯凝结,形成一个白色蜡质膜。随着果实的增长,蛀入孔愈合成一个小黑点,周围的果皮凹陷。幼虫在果皮下潜食果肉,果面上显现出凹陷的潜痕,形成畸形果,称为"猴头果"。幼虫在潜食的同时,将粪便排到蛀孔内,称为"豆沙馅",使果实完全失去商品价值。

(2)形态特征 成虫灰白色或浅灰褐色。雌虫体长7～8毫米,翅展16～18毫米;雄虫体长5～6毫米,翅展13～15毫米。前翅近前缘有1个蓝黑色近乎三角形的大斑。卵椭圆形,桃红色,顶部有 3 圈"Y"状物。末龄幼虫体长 13~16 毫米,全体桃红色,幼龄幼虫白色或淡黄白色。蛹有两种类型,即冬茧和夏茧,冬茧呈扁圆形,夏茧呈纺锤形。

(3)生活习性及发生规律 北方梨树单纯种植区,一般 1 年发生 1 代。以老熟幼虫在土壤中做成椭圆形的"冬茧"越冬。出土时期延续时间较长,达 60 多天,出土盛期一般在 5 月下旬至 6 月中旬。出土的具体时间与温度和水分关系密切,5 月份连续 10 天平均温度 16.9℃,10 厘米地温 19.7℃时,即开始出土,中间如遇下雨,出土速度和出土量均大幅增加。

越冬幼虫出土后,在一天内即结成"夏茧",在其中化蛹。多在土表,贴附于土块或地面其他物体。从出土至羽化大约需要 14天。6 月份出现成虫,6 月中下旬开始危害果实,7 月上中旬发生量最大。9 月上中旬幼虫在果内发育完成后,咬一圆孔,脱出果外,入土做冬茧开始越冬。

幼虫脱果时间较长,在果园、选果场、贮藏场所等堆积过果实的地方都有可能有幼虫越冬,也是防治脱果幼虫的重要场所。

桃小食心虫具有背光的习性,即脱果幼虫多分布于距树干33~100 厘米内的土里,结成冬茧越冬,且以树干背阴面数量最多。分布深度一般为 3.0~13 厘米,以 3 厘米左右土层中分布最多,达到 80% 以上。白天不活动,日落后稍见活动,深夜最活泼。没有趋光性和趋化性。高温低湿不利于成虫产卵,春季温暖,夏季气温正常而潮湿的年份,害虫发生严重。

卵多产于果实的萼洼处,极少产于叶片、枝芽上。幼虫孵化后,在果面上爬行数十分钟至数小时,寻找适当部位,开始啃咬果皮,咬下的果皮并不吞食,因此胃毒剂对它无效。大部分幼虫从果实胴部蛀入果实危害。

(4)防治措施 实践证明,桃小食心虫的防治,必须采用树上与树下防治相结合、园内与园外防治相结合、化学与人工防治相结合、梨树与其他果树防治相结合的综合防治措施。

①做好越冬幼虫出土测报，进行地面防治　当前，桃小食心虫性诱剂的研究已经成熟，在梨园内，高度 1.5 米的地方，每隔 50～100 米挂一个水碗，诱芯绑到水面以上 3 厘米左右，每天观察诱集到的成虫数量，当连续 3 天诱集到成虫时，即可进行第一次地面防治。多采用 50%辛硫磷乳油，每 667 米² 500 克，配成 300 倍液，在树冠下喷洒。

②摘除虫果　从 6 月份开始，每 15 天摘除一次虫果，集中销毁。

③园外防治　在堆放果实的场所如梨园内、收购站、选果场、贮藏场所等地方，有大量的越冬幼虫，必须加以消灭。具体方法是，在准备堆果的地方，先用石碾镇压，再铺上 3～7 厘米厚的细沙土，然后再放置果实。将脱果幼虫诱集到沙土中，集中消灭。

④其他果树上的防治　桃小食心虫除危害梨果外，最主要的还是危害苹果、枣等果实，这 3 种果树最好不要混栽，如确需混栽要有一定的间隔距离，确实无法隔开时，要结合苹果和枣树上防治措施一起进行。

⑤药剂防治　在进行诱测预报的基础上，查卵果率，根据不同的产量，当卵果率达到 0.5%～1.8%时，就需要喷药防治。可以选用的药剂主要有：50%杀螟硫磷乳油 1 000～1 500 倍液、2.5%溴氰菊酯乳油 3 000～5 000 倍液、20%氰戊菊酯乳油 3 000～6 000 倍液、20%甲氰菊酯乳油 3 000～4 000 倍液进行喷雾防治，注意喷药时一定要仔细周密，特别是果实上一定要喷严。

14. 梨木虱如何防治？

(1)发生与危害　梨木虱在各梨区普遍存在，但北方梨区发生较严重，也是日、韩梨的主要害虫之一，食性比较单一，主要危害梨树。成虫和若虫均可危害，春季多集中在新梢、叶柄基部危害，夏、秋季多在叶背面吸取汁液。受害部位发生褐色枯斑,严重时叶片完全变褐,引起早期落叶。若虫能分泌大量蜜汁黏液,诱发煤污病,有时将两片叶子粘到一块儿,若虫栖居于其间危害。

(2)形态特征 成虫虫体很小,仅 3 毫米左右,呈褐色。有翅,翅上无斑纹。若虫扁圆形,无翅,有翅芽。体色随季节和虫龄而呈乳白色、绿色、褐色变化。

(3)生活习性及发生规律 梨木虱一般 1 年发生 4~6 代,以成虫潜藏于老翘皮、杂草、落叶或土壤缝隙中越冬。第二年 3 月份梨树花芽萌动时开始出蛰危害,出蛰期达 1 个月之久,3 月中旬为盛期,也是第一代卵出现初期。此期是药剂防治的关键期,因为大部分越冬成虫处于出蛰后产卵前,暴露在枝条上,容易彻底消灭。

梨木虱的发生与湿度关系很大,干旱年份或干旱季节发生较重,多雨年份或多雨季节发生较轻。石家庄地区一般 5~6 月份发生最重。

梨木虱的天敌主要有瓢虫、草蛉、花蝽、寄生蜂等。

(4)防治措施

①早春刮树皮,清洁果园,清除落叶和杂草,集中烧毁,消灭越冬成虫。灌封冻水、翻地,也可杀死部分越冬成虫。

②保护和利用自然天敌。在自然天敌发生盛期,避免使用广谱性杀虫剂,保护天敌,使其发挥最大的作用。

③药剂防治。一是要抓住防治的第一关键期即越冬代成虫出蛰盛期,在梨花芽鳞片露白期,进行喷药防治。可以选用的药剂有:2.5%溴氰菊酯乳油 3 000~4 000 倍液,20%双甲脒乳油 500~1 000 倍液,10%吡虫啉乳油 1 000 倍液,20%氰戊菊酯乳油 2 000~4 000 倍液进行喷雾防治;二是要抓住防治的第二关键期第一代若虫孵化盛期,再喷 1 次药剂,药剂可选用 1.8%阿维菌素乳油 2 000~3 000 倍液或 22.4%螺虫乙酯(亩旺特)悬浮剂 4 000~5 000 倍液进行防治。

15. 梨茎蜂如何防治?

(1)分布及危害　全国各地主要梨区都有分布,是春季危害梨树新梢的主要害虫,俗称折梢虫。受害严重的梨园,初长的新梢,70%以上被割断,此时正值新梢旺盛生长期,对树体的生长和发育影响很大。成龄树影响树势和果实的膨大,幼龄树则影响树体的迅速扩大和整形。

(2)形态特征　梨茎蜂成虫黑褐色,翅膜状透明,体似小蜂,长9~10毫米。

(3)生活习性及发生规律　1年发生1代,以老熟幼虫在被害的新梢内越冬。发生时期因地区或当年的气候不同而不同。南方较温暖的地区,成虫羽化较早,发生也较早,越向北,发生时间越晚。同一地区不同的年份,成虫出现的时间也有差异。石家庄地区一般在4月中下旬为盛发期。

成虫开花期在被害枝内羽化,在枝内停留3~6天后出枝,一般成虫多在晴天的中午前后出枝,出枝后的成虫白天非常活跃,在梨园内飞舞,选择合适的枝梢进行产卵危害;早晚、夜间及阴雨天气不活动,多隐藏在梨树的叶背面。成虫的危害期比较集中,一般8天左右。幼虫在嫩梢内沿髓部向下蛀食危害,直至老枝内。被害部位逐渐干枯、变褐,很容易折断。

不同的品种,受害程度有差异。凡抽梢期与成虫出蛰期一致的品种受害较重。据观察,在石家庄地区,受害较重的品种有丰水、黄金梨、新高、爱宕等品种,二十世纪梨系列品种受害较轻。

(4)防治措施

①剪梢　在成虫危害结束后,及时剪除被害新梢,剪口部位在伤口以下1厘米处,然后集中处理,即可将虫卵全部消灭。结合冬季修剪,将被害的枝条剪除,集中销毁。

②药剂防治　危害不严重时,尽量不要喷药。花期禁止喷药,

防止杀伤传粉昆虫。确实需要喷药防治时,可采用50%辛硫磷乳油1 000~1 500倍液,或2.5%溴氰菊酯乳油3 000~4 000倍液进行喷雾防治。

16. 梨黄粉蚜如何防治?

(1)发生与危害 梨黄粉虫在北方梨区均有发生。在日、韩梨中爱宕、新高、新雪等被害严重,二十世纪梨系列品种被害较轻。成虫和若虫均以刺吸式口器吸取果实汁液,常聚集在果实的萼洼部位危害,受害果面不久变褐,有的发生很多裂纹,农民称之为"膏药顶"。受害轻的果实,不耐贮藏和运输,也失去了商品价值。受害严重的果实,果肉组织逐渐腐烂,导致果实脱落。套袋梨园较不套袋的梨园果实受害严重。

(2)形态特征 成虫体长约0.8毫米,倒卵圆形,全体黄色,有光泽。若虫与成虫近似,体态稍小,也呈黄色。

(3)生活习性及发生规律 害虫1年发生7~10代,以卵在树皮裂缝、枝干上的残留物、干瘪果柄的离层等处越冬。第二年梨树花期,越冬卵开始孵化,在越冬场所吸取汁液并繁殖。7月份成虫转移到果实上危害,集中到萼洼处产卵繁殖。若虫孵化后,在果面上散布,并刺吸危害。成虫继续大量繁殖产卵,与若虫和卵堆积到一块儿,似堆堆黄粉,故称黄粉虫。

8~9月份是果实受害最严重的时期。梨黄粉虫喜阴怕光,多在背阴处栖息危害,套袋果实受害明显严重,而且一旦进入袋内,将无法进行有效的控制。务必在套袋前彻底消灭梨黄粉蚜。

(4)防治措施

①冬季细致刮除老翘皮,剪除枯枝、僵果,消灭越冬卵。

②采摘时将果袋去除后集中烧毁,以减少虫源基数。

③保护天敌,梨黄粉蚜的天敌有草蛉、瓢虫等,注意保护。

④将黏虫胶环涂在主干上部及其各主枝基部,胶环宽1~2厘

米。5~8月份涂2~3次,2次相隔期1个月,用于截杀一龄若虫。

⑤药剂防治,在梨树萌芽前,彻底喷布1次5波美度的石硫合剂;果实套袋前,结合防治其他病虫害,彻底喷布1次杀虫药剂,杀灭果面上的害虫。生长季节可选用喷50%硫磺悬浮剂500倍液,或10%吡虫啉可湿性粉剂2 000倍液,或2.5%溴氰菊酯乳油3 000~4 000倍液进行防治,至采收前20~30天每15天左右喷1次。

17. 康氏粉蚧如何防治?

(1)发生与危害 这一害虫主要分布于北方梨区,在日、韩梨的一些果园及品种上发生较重,并且有逐年加重的趋势。食性杂,除危害梨外,还可危害苹果、桃等多种果树。成虫和若虫均可危害,以刺吸式口器吸食植物的嫩芽、嫩叶、新梢、果实或根系的汁液。果实受害后呈畸形,枝条受害后,树皮纵裂而枯死。套袋栽培较无袋栽培发生严重,是近年来套袋梨园的主要害虫。

(2)形态特征 雌成虫体长3~5毫米,扁平椭圆形,粉红色,外被白色蜡状物。卵呈块状,外被白色蜡粉,形成白絮状卵囊,外部形态看与苹果棉蚜白色絮状物极为相似。

(3)生活习性及发生规律 1年发生2~3代,以卵在被害树干、粗皮裂缝、石缝土块及其他隐蔽场所越冬。第二年梨树发芽时,越冬卵孵化为若虫,吸食植物的幼嫩组织。在石家庄地区,第一代若虫发生盛期在5月中旬,第二代为7月中旬,第三代为8月中下旬,9月份开始产卵越冬。

雌成虫性成熟后,能够分泌白色卵囊,将卵产于其中。产卵的位置是枝干的粗皮裂缝、果实萼洼、梗洼等。

康氏粉蚧的天敌有草蛉、瓢虫等,对抑制康氏粉蚧的发生有一定作用。

(4)防治措施

①春、冬季节刮树皮,剪除有虫枝干,集中销毁,消灭越冬卵。

②保护利用自然天敌或进行人工饲养、释放草蛉、瓢虫等捕食性天敌,可有效抑制康氏粉蚧的发生。

③早春梨树萌芽前,彻底喷布 1 次 3～5 波美度的石硫合剂,加入 0.3％的洗衣粉作展着剂,对防治越冬卵具有很好的效果。

④晚秋雌虫产卵前在树干上绑草把或其他物品,诱集雌成虫在草把中产卵,冬季或春季卵孵化前将草把等物取下烧毁。

⑤康氏粉蚧在套袋梨园发生越来越严重,主要是害虫一旦进入纸袋,任何防治方法都非常有限。因此,一定要在套袋前彻底喷布 1 次化学药剂,防止害虫进入纸袋内。可以选用的药剂有:20％氰戊菊酯乳油 3 000 倍液,2.5％溴氰菊酯乳油 5 000～6 000 倍液,50％辛硫磷乳油或 50％马拉硫磷乳油 1 000 倍液,0.9％阿维菌素乳油 5 000 倍液、48％毒死蜱乳油 1 500 倍液等。

18. 梨椿象如何防治?

(1)发生与危害 全国各地主要梨区都有椿象的分布,主要包括梨蝽、茶翅蝽两种。俗称臭板虫、臭大姐等。食性杂,但主要危害梨树。常危害叶片、新梢和果实。果实受害后发育不正常,形成凹凸不平的畸形果,俗称"疙瘩梨",受害处变硬味苦,木栓化,影响品质,甚至不能食用。是当前危害梨果的主要害虫之一,必须加以重视。

(2)形态特征 成虫体长 12～15 毫米,扁椭圆形,灰褐色。若虫和成虫体态相似,没有翅。初孵若虫有群居危害习性。

(3)生活习性及发生规律 两种椿象均是 1 年发生 1 代。

梨蝽以二龄若虫在树干粗皮裂缝中越冬,梨树发芽时开始出蛰活动,逐渐分散到芽、叶、花、嫩梢上刺吸危害。由若虫发育到成虫这段时间,是危害叶片最重的时期。7 月份是成虫盛发期,与若虫一起主要危害果实。8～9月份,成虫开始交尾产卵,卵期约10天,孵出的若虫立即危害果实,这一段时期是成虫和若虫共同危害果实的时期。梨蝽的成虫和若虫在高温下有群集的习性,中午前后气温较高时,多集中于树干背阴面静止不动,傍晚时再出来活动取食。

茶翅蝽以成虫在墙缝、屋脚、草堆、树洞、石缝等处越冬,4月中下旬出蛰,5月中下旬陆续转入果园危害,6月份交尾产卵,多产于叶片背面,集中成块,排列整齐。7月份为孵化盛期,初孵若虫集中危害,是防治关键期。茶翅蝽的初孵幼虫多群集在卵块周围危害,以后逐渐分散,河北省在7～8月份,果实受害最重。

生产上应根据这两种蝽象的生活习性选择最佳的防治方法和防治时期。

(4)防治措施

①人工防治　通过冬季刮树皮,然后集中销毁或深埋的方法,可以消灭梨蝽的越冬若虫;通过人工捕捉,或在越冬场所进行防治效果很好,还可以降低污染。也可以在树干上绑草把,诱集梨蝽在草把上集中产卵,然后将草把烧毁,可以明显降低梨蝽的危害。茶翅蝽越冬防治,可在越冬场所集中喷药,可显著降低害虫的基数。

②果实套袋　果实套袋是防止蝽象危害的重要措施之一。具体措施是在越冬虫态出蛰后危害前,结合其他病虫害的防治,彻底喷布1次杀虫剂,然后在1周之内将纸袋套完。纸袋要选用双层蜡袋,单层袋防蝽象效果不好。

③药剂防治　梨蝽的第一防治关键时期是在早春,越冬若虫出蛰后分散前和夏季若虫群居枝干阴面时为最佳的喷药防治时期;第二防治关键时期是在卵孵化盛期,初孵若虫群集卵块附近尚未分散时集中喷药,防治效果最好。可选用的药剂有:50%马拉硫磷乳油或50%杀螟硫磷乳油1 000倍液、20%氰戊菊酯乳油2 000倍液、2.5%高效氯氟氰菊酯乳油2 000倍液、2.5%溴氰菊酯乳油

2 000 倍液等。

19. 苹毛金龟子如何防治？

(1)发生与危害 苹毛金龟子分布很广,在黄河故道及以北地区,发生很严重。它食性很杂,主要危害梨、苹果、桃等多种果树。以成虫在果树花期取食花蕾、花朵及嫩叶。发生严重时,将花蕾及嫩叶吃光。幼虫在地下食害树根。苹毛金龟子对日、韩梨危害尤其严重。

(2)形态特征 成虫体长 10 毫米左右,呈黄白色,除坚硬的鞘翅和小盾片光滑无毛外,其他部位都着生黄白色绒毛。

(3)生活习性及发生规律 苹毛金龟子 1 年发生 1 代,以成虫在 30~50 厘米的土层内越冬,第二年梨树萌芽前出土,开花期受害最重。将雄蕊、雌蕊、甚至花瓣都食用殆尽,严重影响花朵的授粉受精,导致花朵有花无果。成虫出土后的活动有两个阶段,一是地面活动阶段,即果树现蕾前成虫在地面活动,活动时间短,活动性弱,而且多分布在果园的田间、地埂、河边等处的荒草地带。另一个阶段是上树阶段,从梨树现蕾开始到梨初花期是危害盛期。成虫白天活动,无风晴朗的天气从早到晚均可危害,但以中午前后取食最盛,早、晚、夜间及大风天气成虫不活动。

成虫具有假死性,但无趋光性,故可在早、晚振动树干,进行捕杀。

(4)防治措施

①人工防治 利用其假死性,在早晨或傍晚在树底下铺上塑料布,振动树干,收集害虫集中消灭。

②土壤处理 根据其成虫在土壤中越冬的习性,用 5% 辛硫磷颗粒剂,每 667 米^2 2 千克,在成虫初发期处理土壤,效果很好。

③药剂防治 在梨树开花前 2 天,喷布 50% 马拉硫磷 1 000~2 000 倍液,或 50% 辛硫磷乳油 1 000 倍液,或 2.5% 高效氯氟氰菊

酯乳油、20%甲氰菊酯乳油、20%氰戊菊酯乳油、2.5%溴氰菊酯乳油 2 000 倍液进行喷雾,防治效果很好。

20. 梨二叉蚜如何防治?

(1)发生与危害 分布广泛,全国各大梨产区都有发生。成虫、若虫均可危害,具群集性,以刺吸式口器吸取嫩芽、新梢、嫩叶的汁液,使叶片向内纵卷,影响树体的生长、发育,也影响产量和质量。

(2)形态特征 分为有翅和无翅两种类型。无翅蚜体长仅 2 毫米左右,绿色或黄绿色,有白粉包被,刺吸式口器。有翅蚜体长 1.5 毫米左右,黑色。若虫与无翅蚜近似,也是绿色。

(3)生活习性及发生规律 又称梨蚜、梨腻虫等。蚜虫繁殖特别迅速,1 年可繁殖 20 多代。以卵在梨树的芽附近和果台、枝杈等缝隙中越冬。第二年春季,在芽体开始萌动时卵开始孵化,在附近的芽体上危害。以后随着树体的生长,依次转到花蕾、新梢上危害,使叶片向内纵卷。一般落花后 4 月下旬至 5 月份新梢叶受害最重,造成大量卷叶,引起早期落叶。

天敌主要有瓢虫、草蛉、食蚜蝇、蚜茧蜂等,对梨二叉蚜具有很强的抑制作用。

(4)防治措施

①人工防治 在发生量较小的情况下,早期摘除被害的叶片和新梢。

②保护和引放天敌 注意保护天敌,或人为地饲养天敌,待蚜虫大发生时及时释放。自然天敌如瓢虫对蚜虫的控制具有很好的效果。

③黄色板诱蚜 根据有翅蚜对黄色有特殊的趋性的特点,在有翅蚜大发生前,将涂黏虫胶的黄色板挂到树体上,对有翅蚜有很好的诱杀效果。

④药剂防治 主要是选择最佳的施药时期,蚜卵基本孵化完毕,梨芽尚未开放时至发芽展叶期是药剂防治的关键时期,如防治及时,全年喷1～2次药即可控制危害。可以选用的药剂有:10%吡虫啉可湿性粉剂2 000～3 000倍液、40%乐果乳油2 000倍液、2.5%啶虫脒可湿性粉剂1 500～2 000倍液等。

21. 梨尺蠖如何防治?

(1)发生与危害 在我国北方分布较广。食性很杂,主要危害梨树、苹果、山楂等。以幼虫危害梨花及嫩叶,造成缺刻或孔洞,严重时可将叶片吃光,对树势及产量影响很大。

(2)形态特征 成虫灰褐色,密被鳞毛。雄蛾有翅,体长9～15毫米,翅展24～26毫米。喙退化,胸部密被绒毛。前翅具3条黑色横线,触角羽状。雌蛾无翅,体长7～12毫米,触角丝状。胸部第二、第三节有排列成行的灰褐色刺突。

老熟幼虫体长28～36毫米,头部黑褐色,全身黑灰色,具有较规则的黑灰色线状条纹,幼虫体色因虫龄及食料不同而有差异。

(3)生活习性与发生规律 又名梨步曲、造桥虫等。河北省北部地区1年发生1代,以蛹在土壤中越冬,翌年3月下旬羽化成虫,成虫羽化后沿幼虫入土穴道爬出土面,白天潜伏在杂草间或树冠上。卵多产于向阳面的树皮缝或枝杈处,单雌产卵量为300～500粒。4月中旬始见初孵一龄幼虫危害幼芽和花蕊,幼虫期40天左右,5月中下旬老熟幼虫下树入土化蛹,继而越夏越冬。

(4)防治方法

①秋、冬季节,结合园内耕翻捡拾蛹体,或树盘下刨蛹。

②3月下旬成虫羽化前,在每株树下堆一个50厘米高的沙土堆并拍打光滑;或树干上绑塑料膜,或在树干上涂10厘米宽的不干胶,可阻止雌蛾上树产卵。

③药剂防治。5月上旬,在幼虫发生期,喷布50%辛硫磷乳油

2 000 倍液,或用苏云金杆菌孢子粉喷雾,或用 5% 高效氯氰菊酯 1 500 倍液喷雾防治。

22. 山楂叶螨如何防治?

(1)发生与危害 山楂叶螨吸食叶片及初萌新芽的汁液,严重时也危害幼果。受害严重的芽不能继续萌发而死亡。叶片受害后正面最初多表现很多失绿的小斑点,随着危害的加重,斑点连成片,导致叶片大量脱落。大发生的年份,7~8 月份树叶大部分落光,甚至造成二次开花,果实的生长也受到严重影响,不仅影响当年的产量,还影响梨树的花芽分化,导致第二年产量的下降。

(2)形态特征 山楂叶螨雌成虫体长 0.5 毫米左右,有冬、夏两种类型,冬型体色鲜红,略有光泽,夏型为暗红色。幼虫黄白色,取食后变成淡绿色,有 3 对足。若虫有 4 对足。雄虫体长 0.4 毫米,初蜕皮时浅黄绿色,逐渐变成绿色及橙黄色。

(3)生活习性及发生规律 山楂叶螨发生比较普遍,危害也比较严重。一般 1 年发生 5~9 代,以受精雌虫在树皮裂缝、靠近树干基部 3 厘米处的土缝中越冬,有时还可以在杂草、枯枝落叶或石块下面越冬。第二年春季梨芽开始膨大时越冬雌虫开始活动,华北地区多在 4 月上旬出蛰,并上树危害,4 月中旬是出蛰盛期,也是防治的关键时期;6 月上旬,是第二代卵孵化盛期,也是防治的第二个关键期,如防治不及时,很容易导致山楂叶螨的暴发流行,导致叶片焦枯脱落。

山楂叶螨生性不活泼,常群居在叶片的背面危害,并吐丝拉网。全年危害时期比较长,4~7 月均可危害,7 月份以后开始出现越冬虫态。

(4)影响害螨发生发展的因素

①害螨生物学特性 害螨 1 年可发生多代,具有繁殖力强、发育速度快等特点。

②虫口基数的影响　上一年越冬雌虫(山楂叶螨)或越冬卵(果台螨)数量的多少是影响第二年发生程度的决定因素。

③气候的影响　温度对害螨的发生起主导作用。温度的高低,对各虫态的发育经历、繁殖速率、产卵量的多少影响很大。山楂叶螨的适生温度为25℃～30℃,属高温活动型。适宜的空气相对湿度为40%～70%。干燥炎热的气候条件有利于大量的繁殖。在一定温、湿度范围内,温度越高,湿度越小,繁殖速度越快。

④食料的影响　不同的树种、同一树种不同的品种、不同的树势及叶片的营养水平等都会影响害螨种群数量的变化。苹果受害较梨重,梨不同品种间受害程度也不同。树势弱、叶片氮素含量高的,叶螨的发生量就多。

⑤天敌的影响　害螨的天敌种类很多,食螨瓢虫、暗小花蝽、中华草蛉、塔六点蓟马、捕食性螨(包括拟长毛钝绥螨、平腹钝绥螨、东方钝绥螨等)等,可以有效控制害螨的大规模发生。但天敌多耐药性较差,比害螨更容易中毒致死,繁殖系数又低,受害后长时间不能恢复。大量多次使用广谱性农药,势必导致天敌的大量死亡,而仅存的害螨,在环境适宜时数量可以迅速上升,但天敌的数量恢复很难,从而导致害螨的大发生。

⑥药剂防治的影响　药剂对叶螨的直接影响主要是使叶螨产生了抗药性。间接影响是因为广谱性杀虫剂价格便宜,被大量使用,杀死了天敌,破坏了害螨与自然天敌之间的生态平衡。因此,在化学防治中不宜选用广谱性杀虫剂,更不要盲目加大用药浓度和增加施药次数,不同的药剂要交替使用以延缓抗性的产生。

(5)防治措施

①苹果等较梨更容易受害,生产上切忌梨和苹果、山楂等混植,以降低相互传染的概率。

②早春梨树萌芽前,彻底刮除主枝和主干上的老翘皮,集中烧毁,可以消灭大量的山楂叶螨越冬雌成虫,幼树可在越冬雌虫下树

前在树干上绑草把,第二年春季土壤解冻前取下集中烧毁。

③保护天敌。结合果园其他害虫的防治一起用药,尽量减少用药次数。在果园中种植绿肥等作物,为天敌创造良好的生存环境,并及时补充食料。

④树干涂黏虫胶。据试验,河北省农林科学研究院研制的多功能无毒黏虫胶在害螨上树或下树前,涂到绑在树干上的塑料条表面,可以大量地黏附害螨,降低虫口基数。

⑤药剂防治。必须抓住防治的关键期,选择高效、低毒、低残留的农药。华北地区防治山楂叶螨关键期是在梨树开花前后和麦收前;果台螨应在越冬卵孵化盛期(花蕾出现至盛花期)和当年第一代卵孵化盛期。可以选用的药剂有:0.5 波美度石硫合剂或 50%硫磺悬浮剂 200 倍液、1.8%阿维菌素乳油 3 000 倍液、15%哒螨灵乳油 2 000~3 000 倍液、20%四螨嗪乳油 2 000~3 000 倍液、5%噻螨酮乳油 2 000 倍液、99%机油乳剂 200 倍液等。

23. 梨网蝽如何防治?

(1)发生与危害 分布较广,各大梨区均有发生。成虫和若虫均栖居于寄主叶片背面刺吸危害,排出的粪便呈褐色,加上产卵时留下的蝇粪状黑点,使叶背面呈现锈黄色。叶的正面形成白色的斑点,与红蜘蛛的危害症状有些类似,注意区分。危害严重时导致早期落叶,严重影响树体的生长、结果和花芽分化。

(2)形态特征 成虫体长 3.5 毫米左右,扁平,暗褐色。头小体大,翅半透明,有褐色细网纹。

(3)生活习性及发生规律 梨网蝽属半翅目,网蝽科,又名梨花网蝽、军配虫,俗名花编虫。每年发生的代数不同地区也不一样,江淮流域 1 年发生 4~5 代,华北地区一般每年发生 3~4 代。成虫多在枯枝、落叶,树干老翘皮及杂草上越冬。在石家庄地区,7~8 月份危害最重。具有群居危害习性,成虫和若虫都具危害性,聚集在叶背面主脉附近刺吸危害,被害叶正面出现黄白色斑点,随着危害的加重斑点逐渐扩大,形成连片,进而脱落。苗圃地和管理水平较差的果园发生较重。

(4)防治措施

①人工防治　冬季落叶后至春季萌芽前,彻底清理果园的枯枝落叶及杂草,集中烧毁或深埋。9月份在树干上绑缚草把,诱集越冬成虫,清理果园时一起处理,可以有效降低虫源基数,减轻危害。

②药剂防治　要选择最佳的防治时期,重点应放在越冬成虫出蛰后至第一代若虫孵化盛期。按照无公害防治的要求,选择高效、低毒、低残留的农药。喷布40%乐果乳油1000倍液,或2.5%高效氯氟氰菊酯乳油、20%甲氰菊酯乳油、20%氰戊菊酯乳油、2.5%溴氰菊酯乳油2000倍液等,均可起到很好的防治效果。

24. 梨白星金龟子如何防治?

(1)发生与危害　广泛分布于我国主要梨区,除危害梨外,还危害苹果、桃、杏等果树。不仅能咬食树体的嫩叶、嫩芽,还喜食近成熟的果实,对有伤口、病斑的果实更有趋性。有群居危害习性。

(2)形态特征　成虫体长18~24毫米,宽10~14毫米。全体黑色,带有绿色或紫色闪光,背上有不规则的白斑。主要以成虫危害。

(3)生活习性及发生规律　白星金龟子属鞘翅目,金龟子科。又名白星花潜。1年发生1代,以幼虫潜伏在土内越冬。石家庄地区7月份在早熟梨上发生较重,特喜食成熟的果实,常数头或数十头集聚在果实的伤口上或树干的烂皮上,进行取食。对腐烂果实发出的气味有特殊的趋性。有短暂的假死习性,受惊后有的飞走,有的落地后稍作停留随即飞走。利用这一习性可进行人工捕杀。对糖醋或果醋及腐烂的果实有趋性,可进行诱杀。

幼虫生活于土壤中,对新根危害不大,主要取食腐殖质。

(4)防治措施

①利用成虫的趋化性,进行诱杀。据试验,用罐头瓶吊到树体上,里面加入果醋,或放入一些烂果,同时加入一些药剂,每 3 株树挂 1 个瓶,受瓶内诱饵的吸引,成虫极易爬入,食用完药果后即可死亡。糖醋液对白星金龟子也有一定的吸引效果,可以作为诱饵。另外,在有伤口的果实上,撒上一些农药粉剂,其余的烂果都清除,对金龟子的诱杀效果很好。

②幼虫多集中在腐熟的粪堆内,取食腐殖质。利用这一习性,在 5～6 月份翻倒粪堆,将幼虫捡拾喂家禽或直接消灭,可大大降低害虫的基数。

③药剂防治。根据成虫入土的习性,必要时进行土壤处理和喷雾防治。可选药剂有:50％马拉硫磷乳油 1 000～2 000 倍液,或2.5％高效氯氟氰菊酯乳油、20％氰戊菊酯乳油、2.5％溴氰菊酯乳油 2 000 倍液进行喷雾,防治效果很好。

25. 小青花金龟子如何防治?

(1)发生与危害　分布比较广泛,有些果园发生特别严重,尤其是山地、丘陵区果园受害较重。

小青花金龟子食性很杂,梨、苹果等都受害。成虫主要咬食寄主的花蕾和花,常群居花序上集中取食,将花瓣、雄蕊、雌蕊吃光,不能结实,是影响产量的主要害虫之一。

(2)形态特征　成虫体长 12 毫米左右,暗绿色,身体密生很多黄色绒毛,鞘翅上生有黄白色斑纹。

(3)生活习性及发生规律　属鞘翅目、金龟子科,又称小青花潜。1 年发生 1 代,以成虫在土壤中越冬。第二年梨树开花时,成虫大量出现,出土时期较苹毛金龟子略迟。常群居食害花序,一般在上午 10 时至下午 4 时危害最重。对大葱、胡萝卜的花蕾有特殊的趋性,危害十分严重。除梨树以外,其他作物危害都十分严重。

(4)防治措施

①在梨园附近禁止种植采种用的大葱、胡萝卜等。

②利用其假死性,进行人工捕杀。

③药剂防治。在害虫发生突然,虫口密度较大时,应喷药防治。可选药剂有 50%马拉硫磷乳油 1 000～2 000 倍液,或 2.5%高效氯氟氰菊酯乳油、20%氰戊菊酯乳油、2.5%溴氰菊酯乳油 2 000 倍液进行喷雾。

26. 黑绒金龟子如何防治?

(1)发生与危害 全国各地均有危害,有些果园发生特别严重,尤其是山地、丘陵区果园受害较重。

黑绒金龟子食性很杂,除危害梨、苹果等果树外,还危害多种林木、蔬菜、花卉等。成虫主要咬食寄主的嫩芽、新叶及花蕾,尤其喜食嫩芽,具有群集及暴食性。对新植的幼树危害很大,将嫩芽取食后,直接影响树体的成活和生长。幼虫生活于土壤中,一般危害性不大。

(2)形态特征 成虫体长 8～9 毫米,黑褐色,身体密生很多灰黑色短绒毛,有光泽。

(3)生活习性及发生规律 属鞘翅目、金龟子科,又称东方金龟子。1 年发生 1 代,以成虫在土壤中越冬。第二年 4 月上中旬,开始向上层移动。4 月中下旬开始陆续出土。先在发芽较早的其他树种上食害嫩芽,梨树发芽后逐渐转到梨树上,危害盛期在 5 月初至 6 月中旬。

成虫在日落前后危害最重,活动的适宜温度为 20℃～25℃。温度高,降雨量大,湿度高有利于成虫出土危害。一般晚上 9～10 时,成虫自动钻进土壤潜伏。

成虫有较强的趋光性;对杨、柳、杜梨的嫩芽和嫩叶等有特别的趋性,故可利用这一习性进行诱杀;成虫还具有假死性,可用振动的方法捕杀。

(4)防治措施

①对新植的梨园,在成虫出现盛期,将浸过药水的杨柳枝条于下午插到梨园内,每隔一段距离插一簇,可收到良好的诱杀效果。

②利用其假死性,在傍晚的时候,振动树干,进行人工捕杀。对面积较大的果园,这种方法不现实。

③在幼树树干上套纱罩,可以防止黑绒金龟子及其他食芽害虫的危害,但并不能杀死害虫。

④利用成虫的趋光性,在果园安装黑光灯,进行诱杀。一般每3 335 米^{2}梨园安装 1 盏黑光灯即可。这是一种最有效的防治方法,既省工省力,防治效果又好。

⑤药剂防治。利用成虫的入土习性,在树下撒 5% 辛硫磷颗粒剂,并耙松表土,使入土潜伏的成虫中毒而死。在害虫发生突然,虫口密度较大时,应喷药防治。可选药剂有:50% 马拉硫磷乳油1 000~2 000 倍液,或 2.5% 高效氯氟氰菊酯乳油、20% 氰戊菊酯乳油、2.5% 溴氰菊酯乳油 2 000 倍液进行喷雾。

27. 梨星毛虫如何防治?

(1)发生与危害 以幼虫危害叶片,把叶片包起来食成筛底状,叶片枯黄。

(2)形态特征 成虫体长 9~12 毫米,翅展 20~30 毫米,全身黑褐色。复眼黑色,翅半透明,翅脉上着生许多短毛,翅缘为深黑色。寄主包括梨、苹果、山楂、板栗、沙果等。

老熟幼虫体长 20 毫米左右。头黑色,缩于前胸内,身体纺锤形。前胸背板上有黑色斑点和横纹,背线黑色,两侧各有 1 列 10个近圆形黑斑。

(3)生活习性与发生规律 梨星毛虫属鳞翅目,斑蛾科,又名梨叶斑蛾、包饺子虫、筛子底虫。1年发生1代,以幼龄幼虫潜伏在树干及主枝的粗皮裂缝下结茧越冬。翌年果树发芽时,越冬幼虫开始出蛰,由顶部钻入花芽危害。6月上中旬为化蛹盛期,7月中下旬,幼虫孵化后,群集叶背,取食叶肉。

(4)防治方法

①越冬前在树干上绑草,诱集越冬幼虫,然后集中销毁。

②越冬后或上树危害前刮掉树干上的老翘皮,集中处理。

③在花芽膨大期喷药防治,可选药剂有 20％氰戊菊酯乳油3 000 倍液、50％杀螟硫磷乳油 1 000～1 500 倍液、2.5％溴氰菊酯乳油 3 000～4 000 倍液、20％甲氰菊酯乳油 3 000～4 000 倍液进行喷雾防治。

28. 梨圆蚧如何防治?

(1)发生与危害　危害枝叶和果实。雌成虫及若虫寄生于枝干、叶片及果实表面吸取养分,梨果受害后产生黑褐色斑点。严重时果面龟裂,枝条受害衰弱枯死。

(2)形态特征　雌成虫体背覆盖近圆形介壳,直径约 1.7 毫米,灰白色至灰褐色,眼及足退化,口器丝状。雄介壳,长椭圆形,长 1.2～1.5 毫米,淡橙黄色。若虫初产体长 0.2 毫米左右,橙黄色,椭圆形。

(3)生活习性与发生规律　梨圆蚧属盾蚧科,又名梨笠圆盾蚧。1年发生2代,以若虫在原寄生处越冬。越冬若虫翌年树液流动时开始危害,4月下旬化蛹,5月中旬羽化,雌成虫6月中下旬开始产卵,7月中下旬第一代成虫出现,8月中下旬第一代成虫产卵,一直延续到10月份。

(4)防治措施

①人工防治　结合冬季修剪,及时剪除受害严重的枝梢。

②生长季防治　用有内吸作用的药剂(如乐果)原液稍加水稀

释液,涂抹到树干上,用塑料条包扎紧实,可以有效地防治介壳虫。

③休眠期防治 3月下旬越冬若虫开始危害以前,可喷含油量5%的柴油乳剂或黏土柴油乳剂,或用5波美度石硫合剂防治梨圆蚧越冬期幼虫。

④生长期防治 在若虫分散转移期分泌蜡壳之前,是药剂防治的关键期,可以选用的药剂有:0.3~0.5波美度石硫合剂、50%杀螟硫磷乳油1000倍液、48%毒死蜱乳油1500倍液、20%氰戊菊酯乳剂1500倍液进行喷雾防治。

29. 梨瘿华蛾如何防治?

(1)发生与危害 属于鳞翅目,华蛾科,又名梨瘤蛾,俗称糖葫芦、梨疙瘩、梨狗子等。此虫分布比较普遍,只危害梨。以幼虫蛀入枝梢危害,被害枝梢形成小瘤,幼虫在瘤内取食。由于多年危害,在枝条上形成很多成串的小瘤,近似糖葫芦。管理水平较差的果园危害严重。常影响新梢的生长和树冠的发育。

(2)形态特征 成虫体长5~8毫米,翅灰黄色或灰褐色,有银色光泽。老熟幼虫体长7~8毫米,淡黄白色,头小,头及前胸背板黑色。

(3)生活习性与发生规律 梨瘿华蛾1年发生1代,以蛹在小瘤内越冬。河北省中南部在3月份,即梨芽绽开前是羽化盛期。羽化后早晨成虫静伏于小枝上,傍晚比较活跃。卵多产于粗皮、芽及枝条缝隙内。新梢长出后卵开始孵化,幼虫出孵后即爬到新梢上危害。

(4)防治措施

①人工防治 在冬、春季节结合修剪彻底剪除木瘤,集中烧毁。注意剪除虫瘤必须在成虫羽化前进行,否则将失去剪瘤的意义。一般连续剪除2~3年,即可大大降低其危害性。

②保护和利用自然天敌 梨瘿华蛾的天敌是一种寄生蜂,寄

生率很高,通常能控制害虫的发生。喷药时尽量避免伤害天敌。

③化学防治　在梨树开花前结合防治梨大食心虫、梨星毛虫等进行喷药防治。可以选用的药剂有:5%高效氯氰菊酯乳油2 000倍液、20%氰戊菊酯乳油2 000倍液、20%甲氰菊酯乳油3 000倍液、2.5%溴氰菊酯乳油2 000倍液等。

30. 梨园冻害如何防治?

(1)冻害症状　可使花芽、枝条、根颈、主干及果实受害。花期受害轻者雌蕊受冻,受冻花能开放但不能结果;枝条受冻,轻者木质部变褐,重者干缩枯死;主干受害表现为纵裂,轻者可以愈合,重者裂缝可达木质部且不易愈合,诱发腐烂病导致整株枯死。

(2)发生原因　主要原因是当年绝对温度过低、持续时间过长或花芽萌动后遇到较强寒流侵袭。枝条受害多因组织生长不充实、偏施氮肥、秋冬季肥水过多导致枝条徒长,木质化程度低易受冻或抽干枯死。

(3)预防措施

①选用抗寒品种　这是防冻最根本最有效的途径。

②因地制宜适地适栽　各地应严格选择要发展的品种,注意园址选择,充分利用小气候以减轻树体受冻害的程度。

③抗寒栽培　在当地抗寒砧木上高接品种,在一定范围内提高树体抗寒力。另外,通过加强综合管理对提高树体抗寒性有重要作用。前期大水大肥促进树体生长;后期通过多施磷、钾肥,少施氮肥,控制灌水,抑制树体生长;严格疏花疏果,调节结果量,加强病虫害防治等达到增强树势,提高抗寒力的目的。

④喷洒药剂　入冬前喷洒72%硫酸链霉素可溶性粉剂4 000倍液,减少冰核细菌,防止冻害。

31. 梨园霜害如何防治？

(1)霜冻危害情况 是果树生长季节由于急剧降温,水汽凝结成霜,而使幼嫩部分受冻的现象。它又分早霜和晚霜之分,对梨树来说,晚霜危害性较早霜严重。

一般来说,纬度越高,无霜期越短,受霜害的威胁较大。同一纬度,西部大陆性气候明显,较东部受害就严重;低洼地、向阳坡等较平地、阴坡受害严重。

(2)霜冻的类型 根据霜冻发生时的条件与特点不同,将霜冻分为 3 种类型,即辐射霜冻、平流霜冻和混合霜冻。

①辐射霜冻 延续时间短,一般只有早晨几个小时,危害温度一般为−1℃~2℃,比较容易预防。

②平流霜冻 是寒流直接危害的结果,涉及范围大,延续时间长,温度变化比较剧烈,温度可达到−3℃~5℃,危害比较严重,不容易预防。一般的防霜措施效果不大,但不同小气候之间有很大差异。

③混合霜冻 是平流霜冻和辐射霜冻同时发生,这种霜冻危害更严重,更不容易预防。

(3)受害特征 早春芽萌动后受晚霜危害,嫩芽和嫩枝变褐,芽鳞松散。花期遇霜害,雌蕊和雄蕊耐寒性最差,极易造成伤害,表现为变褐、干枯,影响授粉受精。幼果受害较轻时,幼胚变褐,但果实仍为绿色,以后逐渐脱落,受害较重时则全果变褐并很快脱落。受害后即使保留下来的果实也容易形成畸形果。

(4)防霜措施 注意收听天气预报,做好早预防。

①采取措施,延迟梨树发芽 通过春季灌水,降低地温,可延迟发芽;腋花芽一般萌发较晚,如果顶芽受害不能利用时,可用腋花芽结果;树干、大枝涂白,减少树体吸收热能,也可推迟发芽。

②人工改善果园的小气候

加热法:在发达国家比较常用,即在大型果园内,每隔一定距离放置一台加热器,待霜来临前点火加热。

熏烟法:在最低温度不低于−2℃,而且有微风时,可以采用熏烟法。熏烟能够减少土壤热量的辐射散失,同时烟雾颗粒吸收水蒸气,使其凝结成水滴而释放出热量,可提高气温。

吹风法:主要是针对辐射霜冻而采用的一种防霜方法。在日本,每个果园,隔一定距离竖一高5米左右的立竿,上面安装吹风机,待霜冻来临前,打开风机,将冷空气吹散,可以起到防霜效果。

人工降雨、采用喷灌:也是防霜的有效办法,也是通过水遇冷放出潜热,可提高温度,减轻冻害。

保护地栽培:通过设置大棚、温室等保温措施,不仅可以提高温度,防止晚霜危害,还可以使果实提前成熟,减轻病虫危害等。

③加强综合管理,增强树势,提高抗霜能力 如树体已经受到霜害,应加强肥水管理,对未受害的花朵进行人工授粉,提高坐果率,保证当年有一定产量。

32. 梨树日灼如何防治?

日灼又称日烧,是由于太阳辐射而引起的生理病害。日、韩梨日灼在我国发生比较普遍,北方甚于南方,尤其是干旱年份发生严重。二十世纪梨系列品种容易受日灼伤害。

(1)日灼的症状 梨树的日灼与其他果树一样,也分为冬、春日灼和夏、秋季日灼两种。

①冬、春日灼主要发生在主干和主枝上,又以西南面为多。树皮变色横裂成块状,严重时皮层与木质部剥离,以后逐渐干枯、凹陷、开裂或脱落,造成植株或枝条死亡。

②夏、秋季日灼主要发生在枝干、叶片和果实上,均表现局部组织死亡。枝干日灼较轻时表皮变褐并脱落,重者变黑、干枯开

裂;叶片受害后变黑,成枯焦状,造成脱落。果实向阳面受害后,变成黄褐色,粗糙,皮层变厚,成死组织,逐渐干枯,开裂。

(2)日灼发生的原因

①冬、春日灼的主要原因是太阳直射到枝干表面,温度较高,冻结的细胞液溶解,夜间气温骤降,细胞又冻结。经过多次冻融交替,造成细胞大量死亡,发生日灼。

②夏、秋季日灼主要与这个季节天气比较干旱、温度较高、日照较强,如果土壤缺水,蒸腾作用不能正常进行,导致各器官表面温度过高而灼伤。

(3)防治措施

①枝干涂白与防护　在越冬前,配制涂白液,刷到枝干上,可以反射直射的阳光,降低枝干表面温度,减少日灼的发生。在树干上绑草把、培土也是防止日灼的有效方法。

②注意树冠管理　降低树干高度可以减少树干日灼。枝叶繁茂可减少果实日灼。套袋栽培也是防止果实日灼的有效方法。

③加强管理　加强肥水管理,越冬前要灌封冻水,生长季遇旱情要及时灌水,可防止由于干旱造成蒸腾作用受影响引起的日灼现象。

④选择喷灌灌溉方式　防止叶片和果实受害,最好采用喷灌的方法灌溉。尤其是炎热的夏季,天气比较干旱时,注意喷水降温。

33. 梨果果面黑点病如何防治?

目前,梨树生产中套袋梨果面黑点病发病率较高,主要发病品种有绿宝石、黄冠、鸭梨等。一般年份发病率在 $10\%\sim30\%$,部分园片的发病率高达 50% 以上,严重影响了果品质量和经济效益。

(1)症状表现　梨果面黑点病发病部位以果实萼洼处为多,果实酮部亦有发病。发病初期为幼果表面出现针尖大小的黑色小圆点,之后逐渐扩展,7～8月份长成直径1毫米左右的近圆形黑色斑点,病斑中央灰褐色、木栓化,并有不同程度龟裂,病斑圈外有黑晕或绿晕。随着病情的加剧数个病斑连接成片,对其外观品质影响很大。病斑只发生在果皮表面,并不危害果肉,采摘后和贮藏期病斑也不扩大蔓延。

(2)发病规律 梨果面黑点病于幼果套袋前侵染,一般年份于6月中旬开始发病,7～8月份随气温增加和雨季到来,袋内微域环境的温湿度增高,发病率亦随之增高。雨后发病快、危害严重,且发病率与降水量呈正相关。树冠郁闭、通风透光不良的梨园黑点病发生率高。所用果实袋的透气性越差发病率越高,不套袋果不发病或发病极轻。

(3)发病原因 梨果面黑点病是由链格孢菌、粉红聚端孢霉菌侵染果面造成的。上述弱寄生菌广泛存在于梨园内活体组织、落叶、落果、枯枝及土壤中,通常情况下很少造成危害,但梨果套袋后,袋内比较阴暗、潮湿,特别是近萼洼处易于积水,有利于弱寄生菌的生存侵染,病菌从果实皮孔侵入而造成果面危害。

(4)防治措施

①农业防治 清除园内枯枝、落叶、杂草;正确修剪、合理负载,培养通风良好、光照充分的树形,维持健壮树势,提高树体抗性。

②化学防治 一是发芽前喷3～5波美度石硫合剂,杀灭以上病菌;二是套袋前连喷2次药,药剂可选用25%嘧菌酯悬浮剂1 500～2 000倍液、80%三乙膦酸铝可湿性粉剂800倍液、40%氟硅唑乳油8 000倍液、12.5%烯唑醇可湿性粉剂2 000倍液、1∶2∶200波尔多液、50%多菌灵可湿性粉剂600倍液等。

34. 梨树鸡爪病如何防治?

黄冠梨鸡爪病是近10年来发生在黄冠梨上的一种新型果树

生理性病害,也叫梨树果面褐斑病、梨树果面花斑病等。主要症状是在成熟期果面产生近圆形或不规则病斑,造成果品外观品质下降,影响经济效益。其具体发病原因现在还没有从根本上研究清楚,但从目前研究结果来看,其是一种生理性病害,主要是由于果实缺少钙、硼等微量元素引起的,做好以下工作可明显减少该病的发生。

(1)幼果期及时补充钙、硼等微量元素 由于钙不容易被梨幼果吸收,所以应该在套袋前进行两次果面喷施钙、硼肥,时间在 5 月初至 5 月中旬。可选钙肥有氯化钙、瑞恩钙等,硼肥可选硼砂。

(2)平衡施肥、灌水,控制产量 多施有机肥、不用或少用氮肥,提高树体抗性,为果皮细胞的发育提供良好的栽培条件是减轻该病害的有效途径之一。由于单产过高,生产者为保证果实生长需要,造成氮肥为主的化肥使用超量,养分不平衡,从而影响果皮细胞的正常发育。

为此,建议黄冠梨每 667 米^{2}产量控制在 2 500 千克左右。秋季增施有机肥,每 667 米^2 4~5 米^3 鸡粪,并混入硫酸亚铁 3~4 千克、硼砂 1~2 千克、过磷酸钙 50~80 千克。6 月 10 日前追施 1~2 次磷酸二铵(每次 30 千克左右)。6 月中旬以后不再追施氮肥。采收前 1 个月开始保持土壤水分平稳供应,实行小水勤灌,改全园漫灌为沟灌。降雨后要及时排水。

(3)适度推迟套袋时间 增加果皮在自然环境下的暴露时间,促进果皮发育及老化,增强果皮对不良环境的适应能力。套袋时间延后至 5 月底开始、6 月 12 日(麦收)前结束。套袋种类尽量采用透光通气性强、耐雨水冲刷的蜡质袋,如黄色蜡袋等。

(4)实行分批采收,采收期相对提早 由于鸡爪病主要是在果实成熟前,因此实行分批采收,根据果实大小确定采收期。

35. 梨树黄叶病如何防治?

(1)发生与危害 梨树黄叶病是一种生理病害,是缺铁元素造成的,日、韩梨在华北地区碱性土壤栽培时特别容易发生黄叶病。严重时全树叶片失绿、黄化、甚至焦枯脱落。组培苗较杜梨砧的植株更容易发病;pH 值越高,土壤越贫瘠,植株发病越严重。

(2)症状 受害叶肉逐渐变黄,叶片呈绿色网纹状,叶变小。严重时黄化程度加剧,整个叶片变成黄白色,叶缘焦枯,叶片脱落或顶芽枯死,严重影响梨树生长及果品产量和质量。

(3)发病规律 铁是组成呼吸酶的重要组成部分,对梨树叶片叶绿素的形成有重要作用。在盐碱含量高的地区,大量二价铁被转化成不溶性的三价铁而不能被吸收利用,致使缺铁症发生。梨树生长旺季,由于可溶性铁供应不足,导致黄叶病发生。在生产上地势低洼、地下水位高、排水不良等地区发病严重。

(4)防治方法

①建园时,要避免在容易发生缺铁症状的土壤上建园。不要采用组织培养苗直接建园,最好选用嫁接苗。

②合理灌、排水。盐碱含量高的地区,在春季应灌水洗盐,尽量避免大水漫灌,可采用滴灌或喷灌。地下水位高的地区,注意排水,实行台田栽培等措施。

③通过增加有机肥,在行间种植绿肥等措施培肥土壤;改良土壤,减少盐分含量。

④叶面喷施铁肥。在梨树春季展叶后,开始出现失绿症状时,每隔 10~15 天喷布 1 次 0.3% 硫酸亚铁溶液或喷布黄腐酸二胺铁 200 倍液,连续喷布 3 次。喷雾宜选择在早晨或傍晚进行。

36. 梨树抽条如何防治?

梨树抽条是指幼树越冬后枝干失水干枯的现象,在我国北方地区发生比较普遍,常与日灼、冻害同时发生。

(1) 抽条的原因

①不良环境影响　关键因素是低温和干燥。梨树的抽条一般冬季并不十分严重,而是发生在早春 2 月中下旬至 3 月中下旬。此时气温逐渐回升、干燥多风;但地温回升慢,尚处于冻结状态,根系尚未开始活动,无吸水能力,不能及时补充地上损失的水分,从而导致抽条。

②病虫危害　大青叶蝉产卵刺破枝条表皮,造成伤口过多,也会加剧水分的散失,常导致大量幼树抽条死亡。

③品种特性　日、韩梨不同的品种,其抗抽条能力不同。

④枝条的种类　一般 1 年生枝条抗抽条能力最弱,2 年生枝一直到主干,抗抽条能力逐渐增强。

⑤枝条的营养状况　主要是由于梨树越冬前不能及时停止生长,储存养分不足造成的,木质化程度低。一般来说,管理措施到位、树体健壮、能够正常落叶、枝条充实的植株,抽条较轻;反之,管理粗放的果园,树势较弱,抽条则较重。

(2) 防止抽条的措施

①加强栽培管理技术措施,促使树体健壮,增强树势和抗寒性　在生长前期,应加强肥水管理,尤其是氮肥的施入,并注意灌水;后期加强磷、钾肥的施入,控制氮肥和灌水,保证树体及时停长,正常落叶,达到安全越冬的目的。

进入夏季,喷施丁酰肼、矮壮素等植物生长调节剂,抑制树体后期旺长,可以提高抗抽条能力。

加强病虫害的综合防治工作,严防大青叶蝉在枝条上产卵,避免机械损伤等。

②创造良好的小气候条件,可降低抽条率　营造防风林,可以降低风速,提高小环境内的温度,减轻抽条的发生。树盘覆盖,包括越冬前在树盘内覆盖粉碎的秸秆、杂草、有机肥等,也可覆盖地

膜,可以防止土壤冻结,促进根系的活动,防止抽条的发生。在树干北侧培一个半圆形的土埂,为根基营造一个温暖向阳的小气候,降低冻土层厚度,有利于提前解冻,及时补充地上部散失的水分,防止抽条。新植的幼树,在越冬前用稻草、谷草等包扎紧实,于第二年春季,芽体萌发前解绑,可有效地防止抽条。

七、附　录

梨树周年管理历

物候期	月　份	作业内容和技术要点
休眠期	12月份至翌年3月上旬	(1)整形修剪。树形根据栽植密度进行整形，一般每667米²栽45～56株，按纺锤形或单层高位开心形整形。枝组搭配合理，去除徒长枝、过长枝、串花枝回缩，背上枝控制在30厘米以内 (2)病虫害防治。刮除老翘皮，并剪除病虫枝，解除诱集害虫过冬的草把儿集中烧毁 (3)清园。将剪下的树枝、杂草、树叶等彻底清理出梨园
萌芽期	3月中下旬	(1)病虫害防治。刮除腐烂病疤，在腐烂斑处纵横划数道，深达木质部，或将表面皮层刮除。用50%多菌灵可湿性粉剂100倍液涂抹。3月下旬全园喷布3～5波美度石硫合剂。主要防治梨黑星病、红蜘蛛、梨木虱、梨黄粉蚜等害虫 (2)施肥灌水。3月中下旬全园施肥、灌水，肥料可选用磷酸二铵、尿素 (3)高接换优。需高接换优的梨园可采用切接或腹接等方法改良品种 (4)翻树盘或中耕除草
花芽膨大期	3月下旬至4月初	(1)病虫害防治。喷10%吡虫啉可湿性粉剂3 000倍液或25%高效氯氰菊酯乳油1 500倍液，防治梨木虱成虫 (2)疏蕾。主要疏除腋花、弱花及长枝上的花蕾，每隔15～20厘米留1个花序，授粉树可不疏花蕾
开花期	4月初至4月下旬	(1)疏花。疏除腋花、弱花及长枝上的花。每隔15～20厘米留1个花序。授粉树少的可不疏花 (2)人工授粉。提前准备花粉或结合疏花采集即将开放或初开的花，取下花药，约24小时自然晾干收集花粉进行人工授粉。有条件的可进行梨园放蜂 (3)病虫害防治。落花后及时喷10%吡虫啉可湿性粉剂3 000倍液，加1.8%阿维菌素乳油3 000倍液防治梨木虱、蚜虫、梨黄粉蚜等害虫

续 表

物候期	月 份	作业内容和技术要点
幼果期	4月下旬至5月上旬	(1)梨园生草。梨园种草可播种白三叶、黑麦草等。夏季刈割施绿肥 (2)疏果。根据坐果情况主要疏除小果、弱果、畸形果、过密的。每花序留1个果。一般大型果每25～30厘米留1个果,小型果每15～20厘米留1个果,做到合理负载 (3)喷药。喷70%多菌灵800倍液或12.5%烯唑醇可湿性粉剂2 000～3 000倍液等防治梨轮纹病和梨黑星病。喷10%吡虫啉可湿性粉剂3 000倍液加1.8%阿维菌素乳油3 000倍液等防治梨木虱、梨黄粉蚜等 (4)除萌和抹芽。及时将春季萌蘖抹除
	5月上旬至5月中下旬	(1)果实套袋。套袋前5～7天喷药,药剂可选用40%氟硅唑乳油8 000倍液或50%多菌灵可湿性粉剂600倍液,果实套袋于5月底至6月初完成 (2)病虫害防治。每隔10～15天喷1.8%阿维菌素乳油3 000倍液＋10%吡虫啉可湿性粉剂3 000倍液＋25%高效氯氰菊酯乳油1 500倍液。防治梨木虱、梨黄粉蚜、梨大食心虫、梨茎蜂、蚜虫等害虫
	6月上旬	(1)夏季修剪。梨新梢摘心,过密的疏除 (2)病虫害防治。夏收前喷杀虫、杀菌剂主要防治椿象、梨木虱、梨黑星病等。可选用70%甲基硫菌灵1 000倍液、1.8%阿维菌素乳油3 000倍液、10%吡虫啉可湿性粉剂3 000倍液等 (3)灌水施肥。结合灌水,追施果实膨大肥 (4)拉枝。对主枝角度小的进行拉枝,拉枝角度在70°～80°
	6月下旬	(1)病虫害防治。喷药1～2次主要防治梨木虱、椿象、红蜘蛛、梨黑星病等害虫。杀虫剂可选用48%毒死蜱乳油1 500倍液,10%吡虫啉可湿性粉剂3 000倍液;杀菌剂选用40%氟硅唑乳油8 000倍液 (2)地下管理。中耕除草
果实膨大期	7～8月份	(1)病虫害防治。防治梨黄粉蚜、梨小食心虫、椿象、梨花网蝽等。病害防治可选用烯唑醇防治梨黑星病、轮纹病 (2)干旱地区7月初灌水,适量追施果实膨大肥。 (3)果实采收。早中熟梨采收,分级、包装、入库

续　表

物候期	月　份	作业内容和技术要点
果实成熟期	9月份至10月上旬	(1)病虫害防治。每隔10～15天喷药防治梨黄粉蚜、梨小食心虫、椿象等害虫 (2)秋季修剪。继续疏除直立枝、过密枝，改善光照 (3)晚熟梨采收。分级、包装、入库 (4)10月份树主干或主枝绑草诱集越冬害虫
采后落叶期	10月中下旬	(1)秋施基肥。可采用条沟施、放射沟施、穴施等，沟深50～60厘米，宽50厘米。每667米^{2}施优质农家肥鸡粪3～5米^{3}或牛粪、羊粪6～7米^3。每667米^{2}可加碳酸氢铵100千克，过磷酸钙150千克 (2)结合施基肥全园深翻深度30～50厘米 (3)清园。清除梨园杂草、落叶等。集中深埋或烧毁
	11月上中旬	(1)施肥和清园。10月份未完成的继续进行施肥和清园工作 (2)病虫害防治。选晴天树上及地面喷布1次杀虫杀菌剂，如25%氯氰菊酯乳油1 500倍液加12.5%烯唑醇可湿性粉剂2 000～3 000倍液，铲除越冬的病虫害，减小越冬基数
	11月下旬	(1)主干涂白杀灭树皮缝中越冬的病虫害 (2)灌封冻水。冬前全园灌水